计算机操作

五级

编审委员会

U0351730

主　任　　张　岚　魏丽君

委　员　　顾卫东　葛恒双　孙兴旺　张　伟　李　晔

　　　　　刘汉成

执行委员　　李　晔　瞿伟洁　夏　莹

中国劳动社会保障出版社

图书在版编目（CIP）数据

计算机操作：五级/人力资源社会保障部教材办公室等组织编写. – 北京：中国劳动社会保障出版社，2018

1＋X职业技能鉴定考核指导手册

ISBN 978-7-5167-3678-4

Ⅰ. ①计…　Ⅱ. ①人…　Ⅲ. ①电子计算机-职业技能-鉴定-自学参考资料　Ⅳ. ①TP3

中国版本图书馆 CIP 数据核字（2018）第 222234 号

中国劳动社会保障出版社出版发行

（北京市惠新东街 1 号　邮政编码：100029）

＊

三河市华骏印务包装有限公司印刷装订　　新华书店经销

787 毫米×960 毫米　16 开本　7.25 印张　117 千字

2018 年 10 月第 1 版　　2018 年 10 月第 1 次印刷

定价：20.00 元

读者服务部电话：（010）64929211/84209101/64921644

营销中心电话：（010）64962347

出版社网址：http://www.class.com.cn

前　言

职业资格证书制度的推行，对广大劳动者系统地学习相关职业的知识和技能，提高就业能力、工作能力和职业转换能力有着重要的作用和意义，也为企业合理用工和劳动者自主择业提供了依据。

随着我国科技进步、产业结构调整和市场经济的不断发展，特别是加入世界贸易组织以后，各种新兴职业不断涌现，传统职业的知识和技术也越来越多地融进当代新知识、新技术、新工艺的内容。为适应新形势的发展，优化劳动力素质，上海市人力资源和社会保障局在提升职业标准、完善技能鉴定方面做了积极的探索和尝试，推出了1＋X培训鉴定模式。1＋X中的1代表国家职业标准，X是为适应经济发展的需要，对职业标准进行的提升，包括了对职业的部分知识和技能要求进行的扩充和更新。1＋X的培训鉴定模式，得到了国家人力资源社会保障部的肯定。

为配合开展的1＋X培训与鉴定考核的需要，使广大职业培训鉴定领域的专家和参加职业培训鉴定的考生对考核内容和具体考核要求有一个全面的了解，人力资源社会保障部教材办公室、中国就业培训技术指导中心上海分中心、上海市职业技能鉴定中心联合组织有关方面的专家、技术人员共同编写了1＋X职业技能鉴定考核指导手册。该手册介绍了题库的命题依据、试卷结构和题型题量，同时从上海市1＋X鉴定题库中抽取部分试题供考生参考和练习，便于考生能够有针对性地进行考前复习准备。今后我们会随着国家职业标准和鉴定题库的提升，逐步对手册内容进行补充和完善。

本系列手册在编写过程中，得到了有关专家和技术人员的大力支持，在此一并表示感谢。

由于时间仓促，缺乏经验，如有不足之处，恳请各使用单位和个人提出宝贵意见和建议。

1+X职业技能鉴定考核指导手册

编审委员会

目　录

CONTENTS　1+X职业技能鉴定考核指导手册

计算机操作职业简介

一、职业名称

计算机操作。

二、职业定义

使用个人计算机及相关外部设备进行操作，是个人计算机操作方面的一门通用的常规技术和工作技能，也是进入国家计算机高新技术各专业模块的基础。

三、主要工作内容

从事的工作主要包括：（1）计算机系统的基本维护（计算机病毒预防和清除）；（2）文字录入（英文录入，中文录入）；（3）Windows 基本操作（磁盘属性设置和格式化，文件和文件夹操作，应用程序运行与打印机使用）；（4）Word 应用（Word 文档的编辑操作，表格制作，文档格式设置，版面编辑排版）；（5）Excel 应用（工作表建立，表格格式化处理，图表处理，数据表应用）；（6）因特网操作（上网浏览与下载，Outlook Express 电子邮件的使用）。

第1部分

计算机操作（五级）鉴定方案

一、鉴定方式

计算机操作（五级）鉴定采用现场实际操作方式进行。考核实行百分制，成绩达 60 分及以上者为合格。不合格者可按规定补考。

二、考核方案

考核模块表

职业（工种）名称		计算机操作		等级	五级		
职业代码							
模块名称	单元编号	单元内容	考核方式	选考方法	考核时间（min）		配分（分）
计算机操作	1	操作系统使用	操作	必考			10
	2	因特网操作	操作	必考			10
	3	文档资源整合	操作	必考	90		30
	4	数据资源整合	操作	必考			20
	5	多媒体作品编辑制作	操作	必考			30
合计					90		100
备注							

第2部分

操作技能复习题

一、操作系统使用（一）（试题代码：1.1.1①）

1. 试题单

（1）操作条件

1）计算机。

2）模拟 Windows 7 环境。

3）素材。②

（2）操作内容。在所提供的素材"平板电脑"文件夹中，存放有若干个文件，按要求将其进行整理，将整理后的文件和文件夹存放在指定目录下的"平板电脑"文件夹中。

（3）操作要求

1）项目背景。张明对平板电脑十分感兴趣，他从网上收集了很多有关平板电脑的资料，其中有介绍平板电脑的资料，也有如何选购平板电脑的资料；等等。请你帮张明对"平板电脑"文件夹进行整理，将不同的文件进行分类存放。

2）项目任务。在所提供的素材"平板电脑"文件夹中，存放有若干个文件，按要求将其进行整理，将整理后的"平板电脑"文件夹存放在指定目录下。

3）设计要求。设计三个文件夹，将同一类型的文件放在同一个文件夹中。

---

① 试题代码表示该试题在操作技能考核方案表格中的所属位置。左起第一位表示模块号，第二位表示单元号，第三位表示在该模块、单元下的第几道试题。

② 请到 http://www.class.com.cn/fg/product/toShopWorld.html 查找本手册，打开本手册页面后下载相关素材。

4）制作要求

①在"平板电脑"文件夹中建立名为"文本""图片""视频"的三个文件夹。

②将所有文本文件存放在"文本"文件夹中，图片文件存放在"图片"文件夹中，视频文件存放在"视频"文件夹中。

③将无法归类的文件删除。

2. 评分表

试题代码及名称		1.1.1 操作系统使用（一）			
评价要素		配分（分）	分值（分）	评分细则	得分（分）
1	整理文件夹	10	3	文件夹的建立与命名（新建文件夹正确每个1分，共3个文件夹）	
			2	文本格式文件放入"文本"文件夹（文件夹为空或归类文件错误为0分，归类文件部分正确为1分，归类文件全对为2分）	
			2	图片格式文件放入"图片"文件夹（文件夹为空或归类文件错误为0分，归类文件部分正确为1分，归类文件全对为2分）	
			2	视频格式文件放入"视频"文件夹（文件夹为空或归类文件错误为0分，归类文件部分正确为1分，归类文件全对为2分）	
			1	无法归类的文件删除	
合计配分		10		合计得分	

二、操作系统使用（二）（试题代码：1.1.2）

1. 试题单

（1）操作条件

1）计算机。

2）模拟 Windows 7 环境。

3）素材。

（2）操作内容。在所提供的素材"6月黄山"文件夹中，存放有若干个文件，按要求将其进行整理，将整理后的文件和文件夹存放在指定目录下的"旅游资料"文件夹中。

（3）操作要求

1）项目背景。上海天一有限公司为了答谢员工，组织员工去黄山旅游。在旅游中，员工们合影留念，拍摄了各种旅游 DV（Digital Video，数字视频）。

2）项目任务。请将素材"C：\ 6 月黄山"文件夹中的若干文件按设计和制作要求进行分类整理，将整理后的文件和文件夹存放在"C：\ 旅游资料"文件夹中。

3）设计要求。设计三个文件夹，将同一类型的文件放在同一个文件夹中。

4）制作要求

①在"旅游资料"文件夹中建立名为"图片""声音""视频"的三个文件夹。

②将所有图片文件存放在"图片"文件夹中，声音文件存放在"声音"文件夹中，视频文件存放在"视频"文件夹中。

2. 评分表

试题代码及名称			1.1.2 操作系统使用（二）		
评价要素		配分（分）	分值（分）	评分细则	得分（分）
1	整理文件夹	10	3	文件夹的建立与命名（新建文件夹正确每个 1 分，共 3 个文件夹）	
			2	图片格式文件放入"图片"文件夹（文件夹为空或归类文件错误为 0 分，归类文件部分正确为 1 分，归类文件全对为 2 分）	
			2	声音格式文件放入"声音"文件夹（文件夹为空或归类文件错误为 0 分，归类文件部分正确为 1 分，归类文件全对为 2 分）	
			3	视频格式文件放入"视频"文件夹（文件夹为空或归类文件错误为 0 分，归类文件部分正确为 1.5 分，归类文件全对为 3 分）	
合计配分		10		合计得分	

三、操作系统使用（三）（试题代码：1.1.3）

1. 试题单

（1）操作条件

1）计算机。

2）模拟 Windows 7 环境。

3）素材。

（2）操作内容。在所提供的素材"我爱电影"文件夹中，存放有若干个文件，按要求将其进行整理，将整理后的文件和文件夹存放在指定目录下的"我爱电影"文件夹中。

（3）操作要求

1）项目背景。王小宝非常喜欢电影，无论是国内外大片还是小成本电影，他都会收集电影宣传海报、电影主题曲等资料。

2）项目任务。请将素材"C：\我爱电影"文件夹中的文件按设计和制作要求进行分类整理，将整理后的文件和文件夹存放在"C：\我爱电影"文件夹中。

3）设计要求。设计四个文件夹，将同一类型的文件放在同一个文件夹中。

4）制作要求

①在"我爱电影"文件夹中建立名为"图片""声音""视频""文本"的四个文件夹。

②将所有图片文件存放在"图片"文件夹中，声音文件存放在"声音"文件夹中，视频文件存放在"视频"文件夹中，文本文件存放在"文本"文件夹中。

2. 评分表

试题代码及名称					1.1.3 操作系统使用（三）	
评价要素		配分（分）	分值（分）	评分细则		得分（分）
1	整理文件夹	10	2	文件夹的建立与命名（新建文件夹正确每个0.5分，共4个文件夹）		
			2	图片格式文件放入"图片"文件夹（文件夹为空或归类文件错误为0分，归类文件部分正确为1分，归类文件全对为2分）		
			2	声音格式文件放入"声音"文件夹（文件夹为空或归类文件错误为0分，归类文件部分正确为1分，归类文件全对为2分）		
			2	视频格式文件放入"视频"文件夹（文件夹为空或归类文件错误为0分，归类文件部分正确为1分，归类文件全对为2分）		
			2	文本格式文件放入"文本"文件夹（文件夹为空或归类文件错误为0分，归类文件部分正确为1分，归类文件全对为2分）		
合计配分		10		合计得分		

四、操作系统使用（四）（试题代码：1.1.4）

1. 试题单

（1）操作条件

1）计算机。

2）模拟 Windows 7 环境。

3）素材。

（2）操作内容。在所提供的素材"浦东新貌"文件夹中，存放有若干个文件，按要求将其进行整理，将整理后的文件和文件夹存放在指定目录下的"浦东新貌"文件夹中。

（3）操作要求

1）项目背景。小李在上网的过程中，收集了很多有关浦东的资料，将其放在"浦东新貌"文件夹中。

2）项目任务。请将素材"C:\浦东新貌"文件夹中的若干文件按设计和制作要求进行分类整理，将整理后的文件和文件夹存放在"C:\浦东新貌"文件夹中。

3）设计要求。设计三个文件夹，将包含同一内容的文件放在同一个文件夹中。

4）制作要求

①在"浦东新貌"文件夹中建立名为"东方明珠""浦东机场""张江"的三个文件夹。

②通过搜索方法将所有关于东方明珠的文件存放在"东方明珠"文件夹中，关于浦东机场的文件存放在"浦东机场"文件夹中，关于张江的文件存放在"张江"文件夹中。

2. 评分表

试题代码及名称				1.1.4 操作系统使用（四）	
	评价要素	配分（分）	分值（分）	评分细则	得分（分）
1	整理文件夹	10	3	文件夹的建立与命名（新建文件夹正确每个1分，共3个文件夹）	
			2.5	关于东方明珠的文件放入"东方明珠"文件夹（文件夹为空或归类文件错误为0分，归类文件部分正确为1分，归类文件全对为2.5分）	

续表

试题代码及名称			1.1.4 操作系统使用（四）		
评价要素		配分 （分）	分值 （分）	评分细则	得分 （分）
1	整理文件夹	10	2	关于浦东机场的文件放入"浦东机场"文件夹（文件夹为空或归类文件错误为0分，归类文件部分正确为1分，归类文件全对为2分）	
			2.5	关于张江的文件放入"张江"文件夹（文件夹为空或归类文件错误为0分，归类文件部分正确为1分，归类文件全对为2.5分）	
合计配分		10		合计得分	

五、操作系统使用（五）（试题代码：1.1.5）

1. 试题单

（1）操作条件

1）计算机。

2）模拟 Windows 7 环境。

3）素材。

（2）操作内容。在所提供的素材"江南古镇"文件夹中，存放有若干个文件，按要求将其进行整理，将整理后的文件和文件夹存放在指定目录下的"江南古镇"文件夹中。

（3）操作要求

1）项目背景。小李在上网的过程中，收集了很多有关江南古镇的资料，将其放在"C：\江南古镇"文件夹中。

2）项目任务。请将素材"江南古镇"文件夹中的若干文件按设计和制作要求进行分类整理，将整理后的文件和文件夹存放在"C：\江南古镇"文件夹中。

3）设计要求。设计三个文件夹，将包含同一内容的文件放在同一个文件夹中。

4）制作要求

①在"江南古镇"文件夹中建立名为"南浔""朱家角""乌镇"的三个文件夹。

②通过搜索方法将所有关于南浔的文件存放在"南浔"文件夹中，关于朱家角的文件存

放在"朱家角"文件夹中，关于乌镇的文件存放在"乌镇"文件夹中。

③将无法归类的文件删除。

2. 评分表

试题代码及名称				1.1.5 操作系统使用（五）	
评价要素		配分（分）	分值（分）	评分细则	得分（分）
1	整理文件夹	10	3	文件夹的建立与命名（新建文件夹正确每个1分，共3个文件夹）	
			2	关于南浔的文件放入"南浔"文件夹（文件夹为空或归类文件错误为0分，归类文件部分正确为1分，归类文件全对为2分）	
			2	关于朱家角的文件放入"朱家角"文件夹（文件夹为空或归类文件错误为0分，归类文件部分正确为1分，归类文件全对为2分）	
			2	关于乌镇的文件放入"乌镇"文件夹（文件夹为空或归类文件错误为0分，归类文件部分正确为1分，归类文件全对为2分）	
			1	无法归类的文件删除	
合计配分		10		合计得分	

六、操作系统使用（六）（试题代码：1.1.6）

1. 试题单

（1）操作条件

1）计算机。

2）模拟 Windows 7 环境。

3）素材。

（2）操作内容。在所提供的素材"桂林"文件夹中，存放有若干个文件，按要求将其进行整理，将整理后的文件和文件夹存放在指定目录下的"桂林"文件夹中。

（3）操作要求

1）项目背景。小李在上网的过程中，收集了很多有关桂林的资料。

2）项目任务。请将素材"C：\桂林"文件夹中的文件按设计和制作要求进行分类整理，将整理后的文件和文件夹存放在"C：\桂林"文件夹中。

3）设计要求。设计三个文件夹，将属于同一类型的文件放在同一个文件夹中。

4）制作要求

①在"桂林"文件夹中建立名为"图片""Word文档""音乐"的三个文件夹。

②将不同类型的文件分别存放在相应的文件夹中。

③将无法归类的文件删除。

2. 评分表

试题代码及名称			1.1.6 操作系统使用（六）		
评价要素		配分（分）	分值（分）	评分细则	得分（分）
1	整理文件夹	10	3	文件夹的建立与命名（新建文件夹正确每个1分，共3个文件夹）	
			2	图片格式文件放入"图片"文件夹（文件夹为空或归类文件错误为0分，归类文件部分正确为1分，归类文件全对为2分）	
			2	Word文档格式文件放入"Word文档"文件夹（文件夹为空或归类文件错误为0分，归类文件部分正确为1分，归类文件全对为2分）	
			2	音乐格式文件放入"音乐"文件夹（文件夹为空或归类文件错误为0分，归类文件部分正确为1分，归类文件全对为2分）	
			1	无法归类的文件删除	
合计配分		10		合计得分	

七、操作系统使用（七）（试题代码：1.1.7）

1. 试题单

（1）操作条件

1）计算机。

2）模拟 Windows 7 环境。

3）素材。

（2）操作内容。在所提供的素材"我的文档"文件夹中，存放有若干个文件，按要求将其进行整理，将整理后的"我的文档"文件夹移至指定文件夹。

（3）操作要求

1）项目背景。小丁兴趣爱好广泛，他在上网的过程中收集了很多资料。

2）项目任务。请将"C：\ 我的文档"文件夹中的文件，按设计和制作要求进行分类整理，将整理后的文件和文件夹存放在"C：\ 我的文档"文件夹中。

3）设计要求。设计三个文件夹，将同一主题的文件放在同一个文件夹中。

4）制作要求

①在"我的文档"文件夹中建立名为"汽车""军事""体育"的三个文件夹。

②将所有关于汽车的文件存放在"汽车"文件夹中，关于军事的文件存放在"军事"文件夹中，关于体育的文件存放在"体育"文件夹中。

③将无法归类的文件删除。

2. 评分表

试题代码及名称				1.1.7 操作系统使用（七）	
评价要素		配分（分）	分值（分）	评分细则	得分（分）
1	整理文件夹	10	3	文件夹的建立与命名（新建文件夹正确每个1分，共3个文件）	
			2	关于汽车的文件放入"汽车"文件夹（文件夹为空或归类文件错误为0分，归类文件部分正确为1分，归类文件全对为2分）	
			2	关于军事的文件放入"军事"文件夹（文件夹为空或归类文件错误为0分，归类文件部分正确为1分，归类文件全对为2分）	
			2	关于体育的文件放入"体育"文件夹（文件夹为空或归类文件错误为0分，归类文件部分正确为1分，归类文件全对为2分）	
			1	无法归类的文件删除	
合计配分		10		合计得分	

八、操作系统使用（八）（试题代码：1.1.8）

1. 试题单

（1）操作条件

1）计算机。

2）模拟 Windows 7 环境。

3）素材。

（2）操作内容。在所提供的素材"我的文档"文件夹中，存放有若干个文件，按要求将其进行整理，将整理后的"我的文档"文件夹移至指定文件夹。

（3）操作要求

1）项目背景。小丁兴趣爱好广泛，他在上网的过程中收集了很多资料。

2）项目任务。请将素材"我的文档"文件夹中的文件按设计和制作要求进行分类整理，将整理后的文件和文件夹存放在"C：\我的文档"文件夹中。

3）设计要求。设计三个文件夹，将同一主题的文件放在同一个文件夹中。

4）制作要求

①在"我的文档"文件夹中建立名为"饮食""手工制作""服饰"的三个文件夹。

②将所有关于饮食的文件存放在"饮食"文件夹中，关于手工制作的文件存放在"手工制作"文件夹中，关于服饰的文件存放在"服饰"文件夹中。

③将无法归类的文件删除。

2. 评分表

试题代码及名称				1.1.8 操作系统使用（八）		
评价要素		配分（分）	分值（分）	评分细则	得分（分）
1	整理文件夹	10	3	文件夹的建立与命名（新建文件夹正确每个1分，共3个文件夹）	
			2	关于饮食的文件放入"饮食"文件夹（文件夹为空或归类文件错误为0分，归类文件部分正确为1分，归类文件全对为2分）	

续表

试题代码及名称			1.1.8 操作系统使用（八）		
评价要素		配分（分）	分值（分）	评分细则	得分（分）
1	整理文件夹	10	2	关于手工制作的文件放入"手工制作"文件夹（文件夹为空或归类文件错误为 0 分，归类文件部分正确为 1 分，归类文件全对为2分）	
			2	关于服饰的文件放入"服饰"文件夹（文件夹为空或归类文件错误为 0 分，归类文件部分正确为 1 分，归类文件全对为2分）	
			1	无法归类的文件删除	
合计配分		10		合计得分	

九、操作系统使用（九）（试题代码：1.1.9）

1. 试题单

（1）操作条件

1）计算机。

2）模拟 Windows 7 环境。

3）素材。

（2）操作内容。在所提供的素材"我的文档"文件夹中，存放有若干个文件，按要求将其进行整理，将整理后的"我的文档"文件夹移至指定文件夹。

（3）操作要求

1）项目背景。小丁参加了很多兴趣班，课堂上，老师给了他们很多资料。

2）项目任务。请将素材"我的文档"文件夹中的文件按设计和制作要求进行分类整理，将整理后的文件和文件夹存放在"C：\我的文档"文件夹中。

3）设计要求。设计三个文件夹，将同一主题的文件放在同一个文件夹中。

4）制作要求

①在"我的文档"文件夹中建立名为"音乐""书法""陶艺"的三个文件夹。

②将所有关于音乐的文件存放在"音乐"文件夹中，关于书法的文件存放在"书法"文

件夹中，关于陶艺的文件存放在"陶艺"文件夹中。

③将无法归类的文件删除。

2. 评分表

试题代码及名称				1.1.9 操作系统使用（九）		
评价要素		配分（分）	分值（分）	评分细则		得分（分）
1	整理文件夹	10	3	文件夹的建立与命名（新建文件夹正确每个1分，共3个文件夹）		
			2	关于音乐的文件放入"音乐"文件夹（文件夹为空或归类文件错误为0分，归类文件部分正确为1分，归类文件全对为2分）		
			2	关于书法的文件放入"书法"文件夹（文件夹为空或归类文件错误为0分，归类文件部分正确为1分，归类文件全对为2分）		
			2	关于陶艺的文件放入"陶艺"文件夹（文件夹为空或归类文件错误为0分，归类文件部分正确为1分，归类文件全对为2分）		
			1	无法归类的文件删除		
合计配分		10		合计得分		

十、操作系统使用（十）（试题代码：1.1.10）

1. 试题单

（1）操作条件

1）计算机。

2）模拟 Windows 7 环境。

3）素材。

（2）操作内容。在所提供的素材"足球比赛资料"文件夹中，存放有若干个历年收藏的文件，按要求将其进行整理，将整理后的文件和文件夹存放在指定目录下。

（3）操作要求

1）项目背景。球迷们在收看足球比赛的过程中，收集了很多比赛图片资料。

2）项目任务。请将素材"C：\足球比赛资料"文件夹中的文件按设计和制作要求进行分类整理，将整理后的文件和文件夹存放在"C：\足球比赛资料"文件夹中。

3）设计要求。设计三个文件夹，将包含同一内容的文件放在同一个文件夹中。

4）制作要求

①在"足球比赛资料"文件夹中建立名为"2011年""2012年""2013年"的三个文件夹。

②通过搜索方法将所有保存时间为 2011 年的文件存放在"2011 年"文件夹中，保存时间为 2012 年的文件存放在"2012 年"文件夹中，保存时间为 2013 年的文件存放在"2013 年"文件夹中。

③将不属于 2011—2013 年的文件删除。

2. 评分表

试题代码及名称				1.1.10 操作系统使用（十）	
评价要素		配分（分）	分值（分）	评分细则	得分（分）
1	整理文件夹	10	3	文件夹的建立与命名（新建文件夹正确每个 1 分，共 3 个文件夹）	
			2	关于 2011 年的文件放入"2011 年"文件夹（文件夹为空或归类文件错误为 0 分，归类文件部分正确为 1 分，归类文件全对为 2 分）	
			2	关于 2012 年的文件放入"2012 年"文件夹（文件夹为空或归类文件错误为 0 分，归类文件部分正确为 1 分，归类文件全对为 2 分）	
			2	关于 2013 年的文件放入"2013 年"文件夹（文件夹为空或归类文件错误为 0 分，归类文件部分正确为 1 分，归类文件全对为 2 分）	
			1	不属于 2011—2013 年的文件删除	
合计配分		10		合计得分	

十一、操作系统使用（十一）（试题代码：1.1.11）

1. 试题单

（1）操作条件

1）计算机。

2）模拟 Windows 7 环境。

3）素材。

（2）操作内容。在所提供的素材"电子产品"文件夹中，存放有若干个文件，按要求将其进行整理，将整理后的文件和文件夹存放在指定目录下的"电子产品"文件夹中。

（3）操作要求

1）项目背景。李小军对电子产品十分感兴趣，他经常收集各类电子产品资料，包括文字资料、图片资料、视频资料等。随着时间的推移，他收集的电子产品资料越来越多，查阅起来十分不方便。请你帮李小军对"电子产品"文件夹进行整理，将不同的文件按产品种类分类存放。

2）项目任务。在所提供的素材"电子产品"文件夹中，存放有若干个文件，按要求将其进行整理，将整理后的"电子产品"文件夹存放在指定目录下。

3）设计要求。设计三个文件夹，将同一类型的文件放在同一个文件夹中。

4）制作要求

①在"电子产品"文件夹中建立名为"手机""照相机""平板电脑"的三个文件夹。

②将所有关于手机的文件存放在"手机"文件夹中，关于照相机的文件存放在"照相机"文件夹中，关于平板电脑的文件存放在"平板电脑"文件夹中。

③将无法归类的文件删除。

2. 评分表

试题代码及名称				1.1.11 操作系统使用（十一）	
评价要素		配分（分）	分值（分）	评分细则	得分（分）
1	整理文件夹	10	3	文件夹的建立与命名（新建文件夹正确每个1分，共3个文件夹）	
			2	关于手机的文件放入"手机"文件夹（文件夹为空或归类文件错误为0分，归类文件部分正确为1分，归类文件全对为2分）	
			2	关于照相机的文件放入"照相机"文件夹（文件夹为空或归类文件错误为0分，归类文件部分正确为1分，归类文件全对为2分）	

续表

试题代码及名称			1.1.11 操作系统使用（十一）		
评价要素		配分 （分）	分值 （分）	评分细则	得分 （分）
1	整理文件夹	10	2	关于平板电脑的文件放入"平板电脑"文件夹（文件夹为空或归类文件错误为 0 分，归类文件部分正确为 1 分，归类文件全对为 2 分）	
			1	无法归类的文件删除	
合计配分		10		合计得分	

十二、因特网操作（一）（试题代码：1.2.1）

1. 试题单

（1）操作条件

1）计算机。

2）模拟因特网环境。

（2）操作内容。根据要求设置浏览器、搜索信息、整理 IE（Internet Explorer，网页浏览器）收藏夹、收发电子邮件。

（3）操作要求

1）项目背景。洪斌同学是个对平板电脑发展动态比较感兴趣的孩子，经常访问一些平板电脑的网站，他想下载有关平板电脑的资料，并对浏览器进行个性化设定。

2）项目任务。根据要求保存网页上的信息，设置浏览器默认主页，整理 IE 收藏夹，收发电子邮件。

3）制作要求

①在 IE 上打开百度搜索引擎（网址为 https://www.baidu.com），通过百度百科搜索"平板电脑"，将网页上的第一段文字以文本文件的格式保存到指定目录下，命名为"平板电脑—概念.txt"，将网页上的第一张有关平板电脑的图片保存到指定目录下，命名为"平板电脑—概念.jpg"。

②通过百度搜索"联想中国乐 Pad"，整理 IE 收藏夹，在 IE 收藏夹中新建"联想平板电

脑"文件夹，将搜索到的一个介绍联想中国乐 Pad 的网页添加到"联想平板电脑"文件夹中。

③启动电子邮件收发软件（Windows Live Mail），接收来自 zhangxiao@126.com 的电子邮件，并将该用户添加到联系人中，昵称为"moon"，国家为"中国"。

2. 评分表

试题代码及名称				1.2.1因特网操作（一）		
评价要素		配分（分）	分值（分）	评分细则		得分（分）
1	因特网操作	10	2	打开百度网页，输入搜索内容		
			1	打开正确的网页		
			2	将网页上的文字（文本文件格式）、图片保存到文件夹中		
			2	新建收藏夹，将网址添加到收藏夹中		
			1	电子邮件接收正确		
			2	用户信息填写正确		
合计配分		10		合计得分		

十三、因特网操作（二）（试题代码：1.2.2）

1. 试题单

（1）操作条件

1）计算机。

2）模拟因特网环境。

（2）操作内容。根据要求设置浏览器、搜索信息、收发电子邮件。

（3）操作要求

1）项目背景。随着信息化社会的日益发展，网络已经成为人们必不可少的信息来源。

2）项目任务。对 IE 进行设置，搜索并下载信息，收发电子邮件。

3）制作要求

①删除 IE 记录中的所有 Cookies。

②使用 IE，通过百度搜索引擎（网址为 https：//www. baidu. com）搜索"计算机类考证"的资料，将搜索到的第一个网页的内容以文本文件格式保存到指定目录下，命名为"jsjkz. txt"。

③启动电子邮件收发软件（Windows Live Mail），使用快捷工具栏中的按钮，将电子邮件转发给 zhangxiao@126. com。

2. 评分表

试题代码及名称		1.2.2 因特网操作（二）			
评价要素		配分 （分）	分值 （分）	评分细则	得分 （分）
1	因特网操作	10	3	删除 IE 记录中的所有 Cookies	
			2	"计算机类考证"网上内容搜索正确	
			2	网页保存格式正确	
			3	电子邮件转发正确	
合计配分		10		合计得分	

十四、因特网操作（三）（试题代码：1. 2. 3）

1. 试题单

（1）操作条件

1）计算机。

2）模拟因特网环境。

（2）操作内容。根据要求设置浏览器、搜索信息、收发电子邮件。

（3）操作要求

1）项目背景。随着信息化社会的日益发展，网络已经成为人们必不可少的信息来源。

2）项目任务。对 IE 进行设置，搜索并下载信息，收发电子邮件。

3）制作要求

①设置网页在历史记录中保存的天数为 3 天。

②使用 IE，通过百度搜索引擎（网址为 https：//www. baidu. com）搜索"春节晚会"的资料，将搜索到的第一个网页的内容以 Web 档案文件格式保存到指定目录下，命名为

"cjwh. mht"。

③启动电子邮件收发软件（Windows Live Mail），全部回复发件人为"李清"的电子邮件，回复内容为"收到，请等待通知。"

2. 评分表

试题代码及名称			1.2.3 因特网操作（三）		
评价要素		配分（分）	分值（分）	评分细则	得分（分）
1	因特网操作	10	3	设置网页在历史记录中保存的天数为 3 天	
			2	"春节晚会"网上内容搜索正确	
			2	网页保存格式正确	
			3	电子邮件回复正确	
合计配分		10		合计得分	

十五、因特网操作（四）（试题代码：1.2.4）

1. 试题单

（1）操作条件

1）计算机。

2）模拟因特网环境。

（2）操作内容。根据要求设置浏览器、搜索信息、整理 IE 收藏夹。

（3）操作要求

1）项目背景。随着信息化社会的日益发展，网络已经成为人们必不可少的信息来源。

2）项目任务。对 IE 进行设置，搜索并下载信息，整理 IE 收藏夹。

3）制作要求

①某网站的主页地址是 https://www. baidu. com，打开此主页，对 IE 参数进行设置，使其成为 IE 的默认主页。

②使用 IE，通过百度搜索引擎（网址为 https://www. baidu. com）搜索"我是歌手"的资料，将搜索到的第一个网页的内容以文本文件的格式保存到指定目录下，命名为"wsgs. txt"。

③ 整理 IE 收藏夹，在 IE 收藏夹中新建"学习相关""娱乐相关""新闻相关"文件夹。

2. 评分表

试题代码及名称			1.2.4 因特网操作（四）		
评价要素		配分（分）	分值（分）	评分细则	得分（分）
1	因特网操作	10	2	设置默认主页	
			2	"我是歌手"网上内容搜索正确	
			2	网页保存格式正确	
			4	收藏夹整理正确	
合计配分		10		合计得分	

十六、因特网操作（五）（试题代码：1.2.5）

1. 试题单

（1）操作条件

1）计算机。

2）模拟因特网环境。

（2）操作内容。根据要求设置浏览器、搜索信息、收发电子邮件。

（3）操作要求

1）项目背景。随着信息化社会的日益发展，网络已经成为人们必不可少的信息来源。

2）项目任务。对 IE 进行设置，搜索信息，收发电子邮件。

3）制作要求

①某网站的主页地址是 https://www.msn.cn/，打开此主页，对 IE 参数进行设置，使其成为 IE 的默认主页。

②使用 IE，通过百度搜索引擎（网址为 https://www.baidu.com）搜索"桌面云"的资料，将搜索到的第一个网页的内容以文本文件的格式保存到指定目录下，命名为"zmy.txt"。

③全部回复发件人为"李清"的电子邮件，回复内容为"收到，请等待通知。"

2. 评分表

试题代码及名称			1.2.5因特网操作（五）		
评价要素	配分（分）	分值（分）	评分细则		得分（分）
		2	设置默认主页		
1　因特网操作	10	2	"桌面云"网上内容搜索正确		
		2	网页保存格式正确		
		4	电子邮件回复正确		
合计配分	10		合计得分		

十七、因特网操作（六）（试题代码：1.2.6）

1. 试题单

（1）操作条件

1）计算机。

2）模拟因特网环境。

（2）操作内容。根据要求设置浏览器、搜索信息、收发电子邮件。

（3）操作要求

1）项目背景。随着信息化社会的日益发展，网络已经成为人们必不可少的信息来源。

2）项目任务。对 IE 进行设置，搜索信息，收发电子邮件。

3）制作要求

①删除 IE 记录中的所有 Cookies。

②使用 IE，通过百度搜索引擎（网址为 https：//www. baidu. com）搜索"海派文化"的资料，将搜索到的第一个网页的内容以文本文件的格式保存到指定目录下，命名为"hpwh. txt"。

③启动电子邮件收发软件（Windows Live Mail），创建一封新邮件，收件人为 zhengxiao@126. com，邮件主题为"问候"，邮件内容为"最近身体好吗？有空联系。"

2. 评分表

试题代码及名称			1.2.6 因特网操作（六）	
评价要素	配分（分）	分值（分）	评分细则	得分（分）
1　因特网操作	10	4	删除 IE 记录中的所有 Cookies	
		2	"海派文化"网上内容搜索正确	
		2	网页保存格式正确	
		2	电子邮件发送正确	
合计配分		10	合计得分	

十八、因特网操作（七）（试题代码：1.2.7）

1. 试题单

（1）操作条件

1）计算机。

2）模拟因特网环境。

（2）操作内容。根据要求设置默认主页、搜索信息、收发电子邮件。

（3）操作要求

1）项目背景。随着信息化社会的日益发展，网络已经成为人们必不可少的信息来源。

2）项目任务。对 IE 进行设置，搜索并下载信息，收发电子邮件。

3）制作要求

①某网站的主页地址是 https://www.sohu.com，打开此主页，对 IE 参数进行设置，使其成为 IE 的默认主页。

②使用 IE，通过百度搜索引擎（网址为 https://www.baidu.com）搜索"中国戏剧"的资料，将搜索到的第一个网页的内容以文本文件格式保存到指定目录下，命名为"zgxj.txt"。

③启动电子邮件收发软件（Windows Live Mail），创建一封新邮件，收件人为 chenxiao@126.com，邮件主题为"会议通知"，邮件内容为"12 月 8 日 9 点在三楼会议室开会，请准时出席。"插入文件（路径为"我的文档 \ 会议通知 . doc"）。

2. 评分表

试题代码及名称			1.2.7因特网操作（七）		
评价要素	配分（分）	分值（分）	评分细则		得分（分）
1 设置默认主页	3	1	打开 https://www.sohu.com 网页		
		2	在 Internet 选项中将搜狐主页设置为默认主页		
2 网页搜索	4	1	打开百度网页		
		1	在搜索内容中输入"中国戏剧"		
		2	将搜索到的第一个网页的内容以文本文件格式保存到考生文件夹下，命名为"zgxj.txt"		
3 收发电子邮件	3	2	创建邮件，输入收件人、主题、内容		
		1	添加附件，并发送电子邮件		
合计配分	10		合计得分		

十九、因特网操作（八）（试题代码：1.2.8）

1. 试题单

（1）操作条件

1）计算机。

2）模拟因特网环境。

（2）操作内容。根据要求设置默认主页、搜索信息、整理 IE 收藏夹。

（3）操作要求

1）项目背景。随着信息化社会的日益发展，网络已经成为人们必不可少的信息来源。

2）项目任务。对 IE 进行设置，搜索并下载信息，整理 IE 收藏夹。

3）制作要求

①某网站的主页地址是 https://www.baidu.com，打开此主页，对 IE 参数进行设置，使其成为 IE 的默认主页。

②使用 IE，通过百度搜索引擎（网址为 https://www.baidu.com）搜索"鸟类"的网页，将搜索到的第一张图片以图片文件的格式保存到指定目录下，命名为"鸟.jpg"。

③整理 IE 收藏夹,在 IE 收藏夹中新建"学习相关""娱乐相关""新闻相关"文件夹。

2. 评分表

试题代码及名称			1.2.8 因特网操作(八)		
评价要素		配分(分)	分值(分)	评分细则	得分(分)
1	设置默认主页	3	1	打开 https://www.baidu.com 网页	
			2	在 Internet 选项中将百度设置为默认主页	
2	网页搜索	4	1	打开百度网页	
			1	在搜索内容中输入"鸟类"	
			2	将搜索到的第一张图片以图片文件格式保存到考生文件夹下,命名为"鸟.jpg"	
3	整理 IE 收藏夹	3	1	整理 IE 收藏夹,在 IE 收藏夹中新建"学习相关"文件夹	
			1	整理 IE 收藏夹,在 IE 收藏夹中新建"娱乐相关"文件夹	
			1	整理 IE 收藏夹,在 IE 收藏夹中新建"新闻相关"文件夹	
合计配分		10		合计得分	

二十、因特网操作(九)(试题代码:1.2.9)

1. 试题单

(1) 操作条件

1) 计算机。

2) 模拟因特网环境。

(2) 操作内容。根据要求设置默认主页、搜索信息、收发电子邮件。

(3) 操作要求

1) 项目背景。随着信息化社会的日益发展,网络已经成为人们必不可少的信息来源。

2) 项目任务。对 IE 进行设置,搜索并下载信息,收发电子邮件。

3) 制作要求

①设置网页字体为"华文细黑"，网页文字大小为"较大"。

②使用 IE，通过上海职教在线网站（网址为 http://www.shedu.net）站内搜索"技能大赛"的资料，将所搜索到的第一个网页的内容以文本文件的格式保存到指定目录下，文件名为"技能大赛新闻列表.txt"。

③启动电子邮件收发软件（Windows Live Mail），接收新邮件，并进行回复，邮件主题为"技能大赛"，邮件内容为"新闻列表"，对邮件内容加入新闻超链接"http://www.shedu.net/shedu_new/main/search.aspx? keyword＝％e6％8a％80％e8％83％bd％e5％a4％a7％e8％b5％9b"，加上彩条信纸，并添加附件"技能大赛新闻列表.txt"。

2. 评分表

试题代码及名称				1.2.9 因特网操作（九）	
评价要素		配分（分）	分值（分）	评分细则	得分（分）
1	IE 设置	2	1	网页字体为"华文细黑"	
			1	网页文字大小为"较大"	
2	网页搜索	4	1	打开上海职教在线网站	
			1	输入搜索内容	
			1	打开搜索网页	
			1	保存搜索网页	
3	收发电子邮件	4	1	接收并回复邮件	
			1	添加主题、内容	
			1	添加超链接、信纸	
			1	添加附件	
合计配分		10		合计得分	

二十一、因特网操作（十）（试题代码：1.2.10）

1. 试题单

（1）操作条件

1）计算机。

2）模拟因特网环境。

（2）操作内容。根据要求设置浏览器、搜索信息、收发电子邮件。

（3）操作要求

1）项目背景。随着信息化社会的日益发展，网络已经成为人们必不可少的信息来源。

2）项目任务。对 IE 进行设置，搜索并下载信息，收发电子邮件。

3）制作要求

①设置当前网页中访问过的链接为蓝色，未访问过的链接为红色。

②使用 IE，通过百度搜索引擎（网址为 https：//www.baidu.com）搜索"中国好声音"的资料，将搜索到的第一个网页的内容保存到指定目录下，命名为"zghsy.htm"。

③启动电子邮件收发软件（Windows Live Mail），使用快捷工具栏中的按钮回复发件人 hangyu，回复内容为"多谢你了。"

2. 评分表

试题代码及名称			1.2.10 因特网操作（十）		
评价要素		配分（分）	分值（分）	评分细则	得分（分）
1	IE 设置	2	2	当前网页中访问过的链接为蓝色，未访问过的链接为红色	
2	网页搜索	4	1	打开百度网站	
			1	输入搜索内容	
			1	打开搜索网页	
			1	保存搜索网页	
3	收发电子邮件	4	2	回复发件人	
			2	回复内容正确	
合计配分		10		合计得分	

二十二、因特网操作（十二）（试题代码：1.2.12）

1. 试题单

（1）操作条件

1）计算机。

2）模拟因特网环境。

（2）操作内容。根据要求设置浏览器、搜索信息、整理 IE 收藏夹、收发电子邮件。

（3）操作要求

1）项目背景。周海平时非常关注信息技术的发展，最近他对"云计算"的知识非常感兴趣。

2）项目任务。根据要求搜索相关网页，保存相关信息，整理 IE 收藏夹，收发电子邮件。

3）制作要求

①打开 IE，通过百度搜索引擎（网址为 https://www.baidu.com）搜索"云计算"，打开搜索到的第一个网页，将网页上的第一段文字以文本文件的格式保存到指定目录下，命名为"cloud.txt"。将网页上的图片"云计算的演进"保存到指定目录下，命名为"云计算的演进.jpg"。

②整理 IE 收藏夹，在 IE 收藏夹中新建"信息技术"文件夹，将搜索到的一个网页添加到"信息技术"文件夹中。

③启动电子邮件收发软件（Windows Live Mail），接收来自 zhangxiao@126.com 的电子邮件，并将其移到草稿中。

2. 评分表

试题代码及名称				1.2.12 因特网操作（十二）		
评价要素		配分（分）	分值（分）	评分细则		得分（分）
1	因特网操作	10	1	打开百度网页		
			1	输入搜索内容		
			1	打开搜索网页		
			1	新建文本文件		
			1	将网页上的文字保存到文本文件中		
			1	将网页上的图片保存到文件夹中		
			0.5	新建收藏夹		
			0.5	将网址添加到收藏夹		
			1	电子邮件软件启动正确		
			1	电子邮件接收正确		
			1	草稿保存正确		
合计配分		10		合计得分		

二十三、文档资源整合（一）（试题代码：1.3.1）

1. 试题单

（1）操作条件

1）计算机。

2）素材。

（2）操作内容

1）打开"文字录入.docx"文件，按照样张的内容在 Word 中输入文字，完成后，将文件以原文件名保存在原目录下。

2）请运用所给素材完成对文档的编辑，最后完成的作品以"学术讲座海报.docx"为文件名保存在指定目录下。

（3）操作要求

1）根据要求录入文字。根据要求录入以下文字：

平板电脑是 PC（Personal Computer，个人计算机）家族新增加的一名成员，其外观和笔记本电脑相似，但不是单纯的笔记本电脑。它可以被称为笔记本电脑的浓缩版，其外形介于笔记本和掌上电脑之间，但其处理能力优于掌上电脑。相比于笔记本电脑，平板电脑除了拥有笔记本电脑的所有功能外，还支持手写输入或语音输入，移动性和便携性都更胜一筹。

平板电脑有两种规格，一种为专用手写板，可外接键盘、屏幕等，当作一般 PC 用；另一种为笔记型手写板，可像笔记本一般开合。

平板电脑的主要特点是显示器可以随意旋转，一般采用小于 10.4 英寸的液晶屏幕，并且都是带有触摸识别功能的液晶屏，可以用电磁感应笔手写输入。平板电脑集移动商务、移动通信和移动娱乐为一体，具有手写识别和无线网络通信功能，被称为"笔记本电脑的终结者"。

2）根据要求制作 Word 文档

①项目背景。学校请了专家做关于"平板电脑的发展"的学术讲座，想让更多的学生来聆听计算机的最新发展。

②项目任务。请根据指定目录中的素材，分析海报的要素，运用 Word 软件设计制作一份关于"平板电脑的发展"学术讲座的海报。最后完成的作品以"学术讲座海报.docx"为文件名保存在指定目录下。

③设计要求

a. 海报必须包含讲座活动的时间、地点、内容、主办方、"海报"字样。

b. 海报要有一个明确的主题，要有相关的点明主题的广告语，广告语中必须包含"平板电脑"字样。同时，海报要有一个好的创意，要有醒目的图形和色彩。

c. 以上各元素排版合理，符合海报制作要求。

④制作要求

a. 海报的大小为宽 20 cm、高 28 cm。

b. 海报设置相应背景。

c. 海报中的"海报"字样、海报的主题文字要使用艺术字。

d. 海报要设置合适的页面边框。

e. 海报中要配上与主题相关的图片。

f. 海报的基本要素要醒目，至少包含三种颜色。

2. **评分表**

试题代码及名称				1.3.1 文档资源整合（一）	
评价要素		配分（分）	分值（分）	评分细则	得分（分）
1	文字录入	10	9.5	文字输入正确（按文档字数平均给分）	
			0.5	格式正确（首行缩进两个字符）	
2	版面设计	20	2	海报的大小设置正确	
			2	"海报"字样采用艺术字	
			2	主题文字"平板电脑"采用艺术字	
			2	海报设置合适的页面边框	
			3	海报基本要素齐全，包含海报时间（0.5分）、地点（0.5分）、内容（1分）、主办方（0.5分）、"海报"字样（0.5分）	
			2	海报设置相应背景	

续表

试题代码及名称				1.3.1文档资源整合（一）	
评价要素		配分 （分）	分值 （分）	评分细则	得分 （分）
2	版面设计	20	3	海报设计至少包含三种颜色（每种颜色1分）	
			2	广告语包含"平板电脑"字样	
			2	海报中要配上与主题"平板电脑"相关的图片	
合计配分		30		合计得分	

二十四、文档资源整合（二）（试题代码：1.3.2）

1. 试题单

（1）操作条件

1）计算机。

2）素材。

（2）操作内容

1）打开"文字录入.docx"文件，按照样张的内容在 Word 中输入文字，完成后，将文件以原文件名保存在原目录下。

2）打开"通知.docx"文件，请运用所给素材制作一份通知文件，最后完成的作品以原文件名保存在原目录下。

（3）操作要求

1）根据要求录入文字。根据要求录入以下文字：

网页浏览器是显示网页服务器或档案系统内的文件，并让用户与这些文件互动的一种软件。它用来显示在万维网或局域网等内的文字、影像及其他资讯。这些文字或影像，可以是连接其他网址的超链接，用户可迅速轻易地浏览各种资讯。网页一般是 HTML（Hyper Text Markup Language，超文本标记语言）的格式。有些网页需要使用特定的浏览器才能正确显示。手机浏览器是运行在手机上的浏览器，可以通过 GPRS（General Packet Radio Service，通用分组无线服务）上网浏览互联网内容。

2）根据要求制作 Word 文档

①项目背景。上海新兴网络有限公司根据业务要求准备参加投标，为了能够有效开展工作，公司决定开一次投标启动会议。

②项目任务。打开"通知.docx"文件，根据要求设计一份通知文件。最后完成的作品，以原文件名保存在原目录下。

③设计要求

a. 通知文件标题、文件号以红头文件形式显示。

b. "关于投标准备会议的通知"用粗体显示。

c. 文件内容格式设置层次分明，重点突出。

d. 排版符合通知文件样式，字体大小、行距错落有致。

④制作要求

a. 页面大小为 B5。

b. 调整页边距（左右各 1.5 cm、上下各 1 cm）。

c. 文件标题、文件号的文字用红色显示并居中，文件标题字号为二号，文件号字号为小四号。

d. 会议内容、参加人员、会议时间、会议地点添加项目编号。

e. 文末公司名称、日期右对齐。

f. 主题词、报送、抄送内容用粗体显示，行距为 12 磅，其他行距为 1.5 倍。

2. 评分表

试题代码及名称		配分（分）	1.3.2 文档资源整合（二）		
评价要素		配分（分）	分值（分）	评分细则	得分（分）
1	文字录入	10	9.5	文字输入正确（按文档字数平均给分）	
			0.5	格式正确（首行缩进两个字符）	
2	制作 Word 文档	20	2	页面设置正确（大小为 B5）	
			2	页边距设置正确，左右各 1.5 cm（1分），上下各 1 cm（1分）	

续表

试题代码及名称		1.3.2 文档资源整合（二）			
评价要素		配分（分）	分值（分）	评分细则	得分（分）
2	制作 Word 文档	20	4	文件标题二号字（0.5 分）、红色（0.5 分）、居中（1 分），文件号小四号字（0.5 分）、红色（0.5 分）、居中（1 分）	
			4	会议内容、参加人员、会议时间、会议地点添加项目编号（每项 1 分）	
			3	主题词、报送、抄送内容用粗体显示（每行 1 分）	
			3	文末公司名称、日期右对齐（各 1.5 分）	
			2	主题词、报送、抄送内容行距为 12 磅（1 分），其他行距为 1.5 倍（1 分）	
合计配分		30		合计得分	

二十五、文档资源整合（三）（试题代码：1.3.3）

1. 试题单

（1）操作条件

1）计算机。

2）素材。

（2）操作内容

1）打开"文字录入.docx"文件，按照样张的内容在 Word 中输入文字，完成后，将文件以原文件名保存在原目录下。

2）请运用所给素材制作一张课程表，最后完成的作品以"课程表.docx"为文件名保存在指定目录下。

（3）操作要求

1）根据要求录入文字。根据要求录入以下文字：

研究和探讨社会历史发展的必然性与偶然性，首先要承认任何一个历史事件（History Event）都是由众多因素交互作用的结果。其中既有生产力，又有生产关系；既有经济因素，又有政治文化因素；既有客体方面的因素，又有主体方面的因素。

各种因素交互制衡，使得社会历史表现出种种难以预料的随机性、偶然性，而历史必然性作为一种总的趋势就在这些随机性、偶然性中跳跃闪现。正是这种必然性与偶然性的有机统一，使得社会历史呈现出丰富多彩、绚丽多姿的面貌。

2）根据要求制作 Word 文档

①项目背景。学校根据教学安排为每个班级设计了新的课程表。

②项目任务。请运用所给素材制作一张课程表，最后完成的作品以"课程表.docx"为文件名保存在指定目录下。

③设计要求

a. 设计一张计算机 1 班课程表，使用表格形式表示。

b. 课程表必须设置标题。

c. 表格做适当美化。

d. 符合课程表样式。

e. 课程表设置美观、简洁、明了。

④制作要求

a. 制作一张课程表。

b. 表格中显示计算机 1 班课程内容（星期、节数、上下午、课程内容）。局部样张（星期、节数、上下午）如下：

节数　　　　星期	
上午	第 1 节
	第 2 节
	第 3 节
	第 4 节
下午	第 5 节
	第 6 节

c. 课程表标题为"计算机 1 班课程表"。

d. 表格边框线分明，设置两种线型。

e. 表格格式设置为标题居中、课程内容居中、字号五号、宋体。

2. 评分表

试题代码及名称				1.3.3 文档资源整合（三）	
评价要素		配分（分）	分值（分）	评分细则	得分（分）
1	文字录入	10	9.5	文字输入正确（按文档字数平均给分）	
			0.5	格式正确（首行缩进两个字符）	
2	制作 Word 文档	20	3	表格设置正确（7 行 7 列）	
			6	表头正确（星期、上下午、节数）（各 2 分）	
			2	课程内容正确（错一个为 0 分）	
			2	标题内容正确	
			2	表格边框线设置两种线型，粗细适当（各 1 分）	
			5	表格格式设置为标题居中、课程内容居中、字号五号、宋体，上下午文字竖排（各 1 分）	
合计配分		30		合计得分	

二十六、文档资源整合（四）（试题代码：1.3.4）

1. 试题单

（1）操作条件

1）计算机。

2）素材。

（2）操作内容

1）打开"文字录入.docx"文件，按照样张的内容在 Word 中输入文字，完成后，将文件以原文件名保存在原目录下。

2）将古诗排版，最后完成的作品以"古诗.docx"为文件名保存在指定目录下。

（3）操作要求

1）根据要求录入文字。根据要求录入以下文字：

妙　　计

　　陆先生造房子，有一大堆碎砖要运走，工人说要两辆卡车。陆先生对工人说："不必花运费了！你在空地上掘个坑，埋了它吧。"工人问："那么，挖出来的泥放到哪里去呢？""你真笨，把坑挖深一点，一起埋下去不就行了？"

企 业 家

一个成功的企业家告诉他的孩子说："一个成功的人要具备诚信与智慧两个必要条件。"儿子问："什么是诚信呢？"父亲答："诚信就是明知明天要破产，今天也要把货送到客户的手上。"儿子又问："那什么是智慧呢？"父亲答："不要做出这种傻事！"

2）根据要求制作 Word 文档

①项目背景。张若虚，扬州人，曾任兖州兵曹，以诗文与同时代的贺知章、贺朝、万齐融、邢巨、包融等吴越文士驰名京城，生平事迹难以详考，仅存诗两首，但仅凭一首《春江花月夜》便千秋扬名了。

②项目任务。将张若虚的《春江花月夜》古诗排版在一页 A4 大小的纸张中（相关素材已放在素材文件夹中），最后完成的作品以"古诗.docx"为文件名保存在指定目录下。

③设计要求

a. 设计标题和副标题。

b. 古诗排版。

c. 文字格式替换。

d. 编辑古诗注解。

④制作要求

a. 标题采用艺术字，大小合适，居中显示。

b. 作者作为副标题，字体比古诗正文大一号，比标题小。

c. 对古诗进行排版，每一句为一行，排列整齐，水平居中。

d. 将古诗中的"月"字改为加粗、橙色显示，古诗中的"江"字改为斜体、蓝色显示。

e. 注解与古诗隔开一行，比古诗字体略小，排版在古诗下方，左对齐。

f. 整体排版美观，内容分布均匀，不超过 1 张 A4 纸大小。

2. 评分表

试题代码及名称				1.3.4 文档资源整合（四）	
评价要素		配分（分）	分值（分）	评分细则	得分（分）
1	文字录入	10	9.5	文字输入正确（按文档字数平均给分）	
			0.5	格式正确（首行缩进两个字符）	

续表

试题代码及名称				1.3.4 文档资源整合（四）		
评价要素		配分（分）	分值（分）	评分细则		得分（分）
2	版面设计	20	2	标题艺术字设置大小、位置正确		
			1	标题艺术字设置内容正确（应为古诗名）		
			2	副标题大小正确		
			1	副标题内容正确（应为作者名）		
			6	古诗排版正确		
			4	"月"字替换正确，"江"字替换正确（各2分）		
			4	注解的字体大小、对齐方式、位置和内容正确		
合计配分		30		合计得分		

二十七、文档资源整合（五）（试题代码：1.3.5）

1. 试题单

（1）操作条件

1）计算机。

2）素材。

（2）操作内容

1）打开"文字录入.docx"文件，按照样张的内容在 Word 中输入文字，完成后，将文件以原文件名保存在原目录下。

2）运用 Word 软件制作一份班级通讯录，最后完成的作品以"通讯录.docx"为文件名保存在指定目录下。

（3）操作要求

1）根据要求录入文字。根据要求录入以下文字：

饺子是中国家喻户晓的民俗美食，象征着团圆、喜庆。自古以来，民间就有一系列吃饺子的习俗，像除夕吃饺子、破五吃饺子、入伏吃饺子、冬至吃饺子，还有俗语如"好吃不过饺子"。在中国，有关饺子的记载最早是在汉代。20 世纪 60 年代，中国新疆的一座唐代墓葬中曾挖掘出一个木碗，碗里盛着保存完整的饺子，这是迄今为止发现的最古老的饺子。

如今，代代相传的饺子大放异彩，拥有饺子品种最多的"天津百饺园"打破吉尼斯世界纪录，荣获了"世界水饺品种之最"的奖牌。据悉，天津创造的吉尼斯世界纪录有很多，但在餐饮界打破吉尼斯世界纪录这还尚属首例。

2）根据要求制作 Word 文档

①项目背景。临近培训结束，学员们依依不舍，为了便于日后联系，大家互相留下了通信方式。

②项目任务。运用 Word 软件，根据所给素材制作一份通讯录，最后完成的作品以"通讯录.docx"为文件名保存在指定目录下。

③设计要求

a. 文本转换为表格。

b. 设计表格标题。

c. 设计表头。

d. 设计边框和行高、列宽。

④制作要求

a. 将素材中所给的文本转换成表格，要求内容一行显示。

b. 添加标题行"通讯录"，合并居中。

c. 添加表格表头，从左到右依次为姓名、电话、QQ 号、住址。

d. 设置底纹与边框，表头与内容使用两种底纹，边框线外粗内细。

e. 设置表格的行高与列宽，使其适合页面大小，内容分布均匀。

f. 表格内文字设置合适的单元格对齐方式，做到合理美观。

2. 评分表

试题代码及名称			1.3.5 文档资源整合（五）		
评价要素		配分（分）	分值（分）	评分细则	得分（分）
1	文字录入	10	9.5	文字输入正确（按文档字数平均给分）	
			0.5	格式正确（首行缩进两个字符）	

试题代码及名称				1.3.5 文档资源整合（五）	
评价要素		配分（分）	分值（分）	评分细则	得分（分）
2	版面设计	20	2	文本转换为表格，内容一行显示	
			1	表格标题文字内容正确	
			2	标题单元格合并居中	
			4	表头内容、顺序正确	
			2	表头与内容使用两种底纹	
			4	边框线外粗内细	
			3	行高、列宽设置合理	
			2	同列单元格文字对齐方式一致	
合计配分		30		合计得分	

二十八、文档资源整合（六）（试题代码：1.3.6）

1. 试题单

（1）操作条件

1）计算机。

2）素材。

（2）操作内容

1）打开"文字录入.docx"文件，按照样张的内容在 Word 中输入文字，完成后，将文件以原文件名保存在原目录下。

2）请运用所给素材制作一张演出海报，最后完成的作品以"海报.docx"为文件名保存在指定目录下。

（3）操作要求

1）根据要求录入文字。根据要求录入以下文字：

如果你冲撞了别人、招惹了别人，别人背后说你坏话，那是你咎由自取；如果你敬重别人、善待别人，别人背后仍然说你坏话，很不幸，那是你遇上了小人。

遇上小人，的确很不幸！小人背后之语，犹如背后一刀，危害之大，杀伤力之强，不可不防。小人之言，有损人利己者，有损人不利己者。损人不利己者，纯属道德败坏；损人利己者，乃自私自利之人，虽有"人不为己、天诛地灭"之说，但小人之行，实在是有良心者所不齿。

所谓"害人之心不可有，防人之心不可无"，尤其是防小人背后的流言蜚语，真不可大意。

2）根据要求制作 Word 文档

①项目背景。一年一度的企业艺术节到了，为了配合艺术节的活动，厂乐队准备在厂大礼堂举办一场企业演唱会。为了宣传演唱会，企业准备在厂区内派发演出宣传海报。

②项目任务。运用 Word 软件，根据要求制作一份宣传海报，最后完成的作品以"海报.docx"为文件名保存在指定目录下。

③设计要求

a. 宣传海报中应包含主题及演出的基本情况。

b. 添加页面边框，其他对象元素不超过边框范围。

c. 海报使用 A4 纸打印，横向排版。

d. 各元素排版美观、风格突出，具有设计特色。

④制作要求

a. 设计宣传海报主题为"海报"，主题使用艺术字。

b. 宣传海报中应包含演出时间、演出地点、演出曲目、乐队成员等基本内容。

c. 使用图片作为海报背景；图片放在最底层，在页面中水平居中、垂直居中；图片颜色为茶色，背景颜色 2，浅色。

d. 设置页面边框，边框颜色深蓝，文字 2，深色 25％。

e. 将海报设为 A4 纸打印，打印方向为横向，调整各对象的大小及位置，使其排版美观，不超过页面范围。

2. 评分表

试题代码及名称		1.3.6 文档资源整合（六）			
评价要素		配分（分）	分值（分）	评分细则	得分（分）
1	文字录入	10	9.5	文字输入正确（按文档字数平均给分）	
			0.5	格式正确（首行缩进两个字符）	

续表

试题代码及名称				1.3.6 文档资源整合（六）	
评价要素		配分（分）	分值（分）	评分细则	得分（分）
2	版面设计	20	4	海报主题使用艺术字（主题 2 分，使用艺术字 2 分）	
			8	宣传海报中包含演出时间、演出地点、演出曲目、乐队成员基本情况（每个 2 分）	
			4	插入图片作为背景（2 分），图片水平垂直居中（1 分），置于底层（1 分）	
			1	图片颜色茶色，背景颜色 2，浅色	
			1	页面边框颜色深蓝，文字 2，深色 25%	
			2	页面采用 A4（1 分）、横向（1 分）	
合计配分		30		合计得分	

二十九、文档资源整合（七）（试题代码：1.3.7）

1. 试题单

（1）操作条件

1）计算机。

2）素材。

（2）操作内容

1）打开"文字录入.docx"文件，按照样张的内容在 Word 中输入文字，完成后，将文件以原文件名保存在原目录下。

2）请运用所给素材制作介绍消防安全的海报，最后完成的作品以"消防安全.docx"为文件名保存在指定目录下。

（3）操作要求

1）根据要求录入文字。根据要求录入以下文字：

　　史蒂夫·乔布斯（Steve Jobs）是一位极具创造力的企业家，他有如过山车般精彩的人生和犀利激越的性格，充满追求完美和誓不罢休的激情。他创造出个人电脑、动画电影、音乐、手机、平板电脑、数字出版六大产业的颠覆性变革。

　　史蒂夫·乔布斯的故事既具有启发意义，又具有警示意义，充满了关于创新、个性、领导力及价值观的教益。如果要在全球消费电子行业评选一位兼具勤奋和创新的优秀从业者，苹果公司前 CEO（Chief Executive Officer，首席执行官）乔布斯一定是不二人选！

　　2）根据要求制作 Word 文档

　　①项目背景。为普及消防安全知识、增强员工的消防安全忧患意识，在思想上让员工们时刻警惕消防隐患、增强消防法治观念，并提高员工们的自防自救能力，科技园区组织员工们以"关注消防、珍爱生命"为主线展开消防宣传活动，将消防安全意识切实地融入园区，创建一个稳定、安全、和谐的园区环境。

　　②项目任务。请运用所给素材完成一份消防安全宣传的海报，最后完成的作品以"消防安全.docx"为文件名保存在指定目录下。

　　③设计要求

　　a. 版面大小为 A4 纸大小。

　　b. 图文并茂、版面合理，字体与图片大小合适，图文搭配正确。

　　④制作要求

　　a. 添加页眉"消防安全，人人有责"，字体格式为宋体、五号、黑色，段落格式为右对齐。

　　b. 添加艺术字标题"普及消防知识 共建安全园区"。

　　c. 在文中适当位置插入三张相关的消防图片，将图片调整至合适大小，图片设置环绕方式为四周型。

　　d. 将"火场逃生"的十一要诀内容分成两栏，并添加分隔线。

　　e. 正文段落首行缩进两个字符。

　　f. 将两个小标题"宿舍（居室）防火常识:""火场逃生:"设置为黑体、四号字，添加25%灰色底纹。

2. 评分表

试题代码及名称			1.3.7 文档资源整合（七）		
评价要素		配分（分）	分值（分）	评分细则	得分（分）
1	文字录入	10	9.5	文字输入正确（按文档字数平均给分）	
			0.5	格式正确（首行缩进两个字符）	
2	版面设计	20	2	添加页眉文字"消防安全，人人有责"（页眉内容正确2分）	
			2	页眉字体格式为宋体、五号、黑色（1分），段落格式为右对齐（1分）	
			4	添加艺术字标题"普及消防知识 共建安全园区"（艺术字2分，内容正确2分）	
			4	在文中适当位置插入三张相关的消防图片（各1分），将图片调整至合适大小，图片设置环绕方式为四周型（1分）	
			4	将"火场逃生"的十一要诀内容分成两栏，并添加分隔线（分两栏3分，分隔线1分）	
			2	正文段落首行缩进两个字符	
			2	将两个小标题"宿舍（居室）防火常识："、"火场逃生："设置为黑体、四号字（1分），添加25%灰色底纹（1分）	
合计配分		30		合计得分	

三十、文档资源整合（八）（试题代码：1.3.8）

1. 试题单

（1）操作条件

1）计算机。

2）素材。

（2）操作内容

1）打开"文字录入.docx"文件，按照样张的内容在 Word 中输入文字，完成后，将文件以原文件名保存在原目录下。

2）请运用所给素材制作员工信息表。最后完成的作品以"员工信息表.docx"为文件名保存在指定目录下。

（3）操作要求

1）根据要求录入文字。根据要求录入以下文字：

iPhone 由苹果公司前首席执行官史蒂夫·乔布斯在 2007 年 1 月 9 日举行的 Macworld 大会上宣布推出，2007 年 6 月 29 日在美国上市，将创新的移动电话、可触摸宽屏 iPod 以及具有桌面级电子邮件、网页浏览、搜索和地图功能的突破性因特网通信设备这三种产品完美地融为一体。

iPhone 引入了基于大型多触点显示屏和领先性新软件的全新用户界面，让用户用手指即可控制 iPhone。iPhone 还开创了移动设备软件尖端功能的新纪元，重新定义了移动电话的功能。

2）根据要求制作 Word 文档

①项目背景。员工信息表能帮助人力资源部门了解员工的基本情况。

②项目任务。打开"员工信息表.doc"文件，请运用所给素材制作一张员工信息表，最后完成的作品以"员工信息表.docx"为文件名保存在指定目录下。

③设计要求

a. 设置标题。

b. 插入表格行。

c. 合并单元格。

d. 格式化表格。

④制作要求

a. 给表格添加标题，内容为"员工信息表"，黑体三号，居中。

b. 在第四行"称呼"前插入一行，内容为"社会关系"，各列合并，居中。

c. 将表格最后三行合并。

d. 将表格列宽设为 2 cm。

e. 设置表格外边框线为 3 磅单线，内边框线为 1.5 磅双线。

f. 使表格在页面中居中，表中字体设为楷体。

2. 评分表

试题代码及名称			1.3.8 文档资源整合（八）			
评价要素		配分（分）	分值（分）	评分细则		得分（分）
1	文字录入	10	9.5	文字输入正确（按文档字数平均给分）		
			0.5	格式正确（首行缩进两个字符）		
2	版面设计	20	4	给表格添加标题，内容为"员工信息表"（内容正确2分），黑体三号，居中（格式正确2分）		
			2	在第四行"称呼"前插入一行（1分），内容为"社会关系"（内容正确1分）		
			2	第四行各列合并，居中		
			2	将表格最后三行合并（1.5分），单元格内容为"备注"（内容正确0.5分）		
			2	将表格列宽设为 2 cm		
			4	设置表格外边框线为3磅单线（2分），内边框线为1.5磅双线（2分）		
			2	使表格在页面中居中		
			2	表中字体设为楷体		
合计配分		30		合计得分		

三十一、文档资源整合（九）（试题代码：1.3.9）

1. 试题单

（1）操作条件

1）计算机。

2）素材。

（2）操作内容

1）打开"文字录入.docx"文件，按照样张的内容在 Word 中输入文字，完成后，将文件以原文件名保存在原目录下。

2）请运用所给素材完成对文档的编辑，最后完成的作品以"竞赛新闻.docx"为文件名保存在指定目录下。

（3）操作要求

1）根据要求录入文字。根据要求录入以下文字：

这是一个可以用简陋来形容的汽车展厅，内墙没有任何装饰，室内外的温度几乎一样，与隔壁的奥迪展厅完全不能相提并论。但就是这个上海唯一的新能源汽车专卖店——高瞻新能源汽车4S店，点燃了人们对新能源车的热情。可以说，上海电动车的梦想从这里正式开始。

昨天，上海首位享受政策补贴的车主在这里提取了上汽荣威E50轿车，并亲手挂上了新能源汽车专属牌照，"零排放"的驾驶梦想正式照进现实。该车主有尝鲜的勇气，但也非常实际："考虑到充电、续航等问题，进市区我会开传统的车。"

2）根据要求制作Word文档

①项目背景。上海市第五届"星光计划"中等职业学校职业技能大赛正在如火如荼地进行中，各个学校的宣传工作也在不断升温中。日前，世博职校召开了2013年上海市第五届"星光计划"大赛集训的第二阶段工作推进会，并且将会议内容放到了官网上。

②项目任务。运用指定目录所提供的素材，在Word中完成对文档的编辑与保存，最后完成的作品以"竞赛新闻.docx"为文件名保存在指定目录下。

③设计要求

a. 文章要求图文并茂，带有与正文色调不同的"上海市中等职业学校职业技能大赛"斜式字样水印背景效果。

b. 标题改为艺术字，并带有波形形状和阴影效果，两行显示。

c. 整体要求排版合理，字体大小合适，色彩搭配合适。

d. 将正文中"星光计划"的"星光"设置成比较醒目的色彩、文字效果和突出的字形。

④制作要求

a. 进行适当的页面设置，要求A4纸、纵向排列、页边距四边小于2 cm。

b. 标题居中、副标题右对齐，正文首行缩进1 cm。

c. 标题为"坚定信心备战星光 集中合力争取佳绩"，小标题字体为黑体，正文字体为宋体；副标题字号为三号，小标题字号为小四号，正文字号为五号。

d. 在文末加入小标题，并在其后针对学校开展的活动，谈谈你对这项活动的看法和建议。

2. 评分表

试题代码及名称				1.3.9 文档资源整合（九）	
评价要素		配分（分）	分值（分）	评分细则	得分（分）
1	文字录入	10	9.5	文字输入正确（按文档字数平均给分）	
			0.5	格式正确（首行缩进两个字符）	
2	版面设计	20	3	页面设置正确（A4 纸 1 分、纵向排列 1 分、页边距四边小于 2 cm 1 分）	
			3	水印文字内容正确（1 分），斜式字样（1 分），文字颜色正确（1 分）	
			2.5	标题为艺术字（0.5 分），艺术字内容正确（0.5 分），有波形形状（0.5 分），有阴影效果（0.5 分），两行显示（0.5 分）	
			2	小标题和正文字体正确（各 0.25 分），副标题、小标题、正文字号正确（各 0.5 分）	
			2	标题居中（0.5 分），小标题居中（0.5 分），副标题右对齐（0.5 分），正文首行缩进 1 cm（0.5 分）	
			3	"星光计划"中的"星光"替换使用正确，设置成比较醒目的色彩、文字效果和突出的字形（各 1 分）	
			2	有图文环绕	
			2.5	有新增小标题（1.5 分），有对这项活动的看法和建议（1 分）	
合计配分		30		合计得分	

三十二、文档资源整合（十一）（试题代码：1.3.11）

1. 试题单

（1）操作条件

1）计算机。

2）素材。

（2）操作内容

1）打开"文字录入.docx"文件，按照样张的内容在 Word 中输入文字，完成后，将文件以原文件名保存在原目录下。

2）请运用所给素材完成对文档的编辑，最后完成的作品以"名片.docx"为文件名保存在指定目录下。

（3）操作要求

1）根据要求录入文字。根据要求录入以下文字：

新能源汽车是指采用非常规的车用燃料作为动力来源（或使用常规的车用燃料、采用新型车载动力装置），综合车辆动力控制和驱动方面的先进技术，形成的技术原理先进且具有新技术、新结构的汽车。新能源汽车包括以下类型：混合动力电动汽车（HEV），纯电动汽车（BEV，包括太阳能汽车），燃料电池电动汽车（FCEV）以及其他新能源（如超级电容器、飞轮等高效储能器）汽车等。非常规的车用燃料是指除汽油、柴油、天然气（NG）、液化石油气（LPG）、乙醇汽油（EG）、甲醇、二甲醚之外的燃料。

根据新能源汽车整车、系统及关键总成技术成熟程度，国家和行业标准完善程度，以及产业化程度的不同，新能源汽车分为起步期、发展期、成熟期三个不同的技术阶段。

2）根据要求制作 Word 文档

①项目背景。2018 年，上海新兴职业技术学校一批学生将毕业，一些学生打算和同伴一起自主创业，其中一位学生想毕业后开一间小茶楼。根据创业需要，准备创业的学生需要制作名片，请为这个学生设计并制作一张漂亮的名片。

②项目任务。请分析名片的要素，运用 Word 软件制作一份名片模板，最后完成的作品以"名片.docx"为文件名保存在指定目录下。

③设计要求

a. 名片一般包含公司名称、姓名、头衔、联系方式等要素。

b. 名片中插入与公司业务相关的图片。

c. 名片中各元素排版合理，符合名片的制作要求。

④制作要求

a. 名片的大小为宽 74 mm、高 58 mm。

b. 调整名片的页边距为 1 cm。

c. 名片设置相应饰框、底纹，以美化版面。

d. 名片中各元素的大小合理、美观，名片中公司名称采用艺术字（有"茶楼"字样）。

e. 名片的色彩整体合理，文字、图案的整体排列恰当。

2. 评分表

试题代码及名称				1.3.11 文档资源整合（十一）	
评价要素		配分（分）	分值（分）	评分细则	得分（分）
1	文字录入	10	9.5	文字输入正确（按文档字数平均给分）	
			0.5	格式正确（首行缩进两个字符）	
2	版面设计	20	3	名片要素齐全	
			2	名片大小正确	
			3	页边距设置正确	
			3	名片中公司名称采用艺术字（有"茶楼"字样）	
			3	名片上插入与公司业务相关的图片	
			3	名片的色彩整体合理，文字、图案的整体排列恰当	
			3	名片设置饰框、底纹	
合计配分		30		合计得分	

三十三、文档资源整合（十二）（试题代码：1.3.12）

1. 试题单

（1）操作条件

1）计算机。

2）素材。

（2）操作内容

1）打开"文字录入.docx"文件，按照样张的内容在 Word 中输入文字，完成后，将文件以原文件名保存在原目录下。

2）请运用所给素材完成对文档的编辑，最后完成的作品以"荣誉证书.docx"为文件名保存在指定目录下。

（3）操作要求

1）根据要求录入文字。根据要求录入以下文字：

智能交通系统（Intelligent Transportation System，简称ITS）是未来交通系统的发展方向，它是将先进的信息技术、数据通信传输技术、电子传感技术、控制技术、计算机技术等，有效地集成运用于整个地面交通管理系统而建立的一种在大范围内全方位发挥作用的实时、准确、高效的综合交通运输管理系统。ITS可以有效地利用现有交通设施、减少交通负荷和环境污染、保证交通安全、提高运输效率，因而日益受到各国的重视。

21世纪将是公路交通智能化的世纪，人们将要采用的智能交通系统是一种先进的一体化交通综合管理系统。在该系统中，车辆靠自己的智能在道路上自由行驶，公路靠自身的智能将交通流量调整至最佳状态。借助于这个系统，管理人员对道路、车辆的行踪将掌握得一清二楚。

2）根据要求制作Word文档

①项目背景。2013年，上海市第五届"星光计划"中等职业学校职业技能大赛如期进行，大赛结束后，举办单位要为获得奖励的学生颁发荣誉证书，请为举办单位制作一份荣誉证书模板。

②项目任务。请根据指定目录中的素材分析荣誉证书的要素，运用Word软件制作一份荣誉证书模板，最后完成的作品以"荣誉证书.docx"为文件名保存在指定目录下。

③设计要求

a. 荣誉证书必须包含"荣誉证书"字样，包含学校名称、学生姓名、比赛名称、参赛项目、获奖等级、颁证单位、颁证时间等元素。

b. 在相应的地方应留空白，以供填写，如"　　学校　　同学""荣获　等奖"。

c. 荣誉证书中各元素排版合理，符合制作要求。

④制作要求

a. 荣誉证书的大小（即页面大小）为宽25 cm、高18 cm。

b. 调整页边距，上下左右各1 cm。

c. 设置背景图片。

d. 荣誉证书包含"荣誉证书"字样，并使用艺术字。

e. 荣誉证书包含学校名称、学生姓名、比赛名称、参赛项目、获奖等级、颁证单位、颁证时间等元素，并在相应处留有空白，以便填写。

f. 荣誉证书上的文字设置相应的字体格式，突出重点。

2. 评分表

试题代码及名称				1.3.12 文档资源整合（十二）	
评价要素		配分（分）	分值（分）	评分细则	得分（分）
1	文字录入	10	9.5	文字输入正确（按文档字数平均给分）	
			0.5	格式正确（首行缩进两个字符）	
2	版面设计	20	2	页面大小设置正确	
			2	页边距设置正确	
			3	背景图片设置正确	
			2	"荣誉证书"使用艺术字	
			4	荣誉证书要素完整 荣誉证书 　学校　　　同学在参加上海市第五届"星光计划"中等职业学校职业技能大赛项目中荣获　　等奖。 　　颁证单位：（参看素材中 txt 文件） 　　颁证时间：（参看素材中 txt 文件）	
			3	荣誉证书布局合理美观（颁证单位和颁证时间另起一行）	
			2	对证书各要素的字体进行格式设置（获奖等级加粗，字号比其他内容大）	
			2	证书各要素内容正确合理	
合计配分		30		合计得分	

三十四、数据资源整合（一）（试题代码：1.4.1）

1. 试题单

（1）操作条件

1）计算机。

2）Office 2010。

3）素材。

（2）操作内容。运用所给素材完成相关数据的统计与分析，在 Excel 中以表格和统计图表的形式对淘宝网上平板电脑的销售情况进行统计分析。最后完成的作品以"平板电脑销售.xlsx"为文件名保存在指定目录下。

（3）操作要求

1）项目背景。平板电脑是 PC 家族新增加的一名成员，其外形介于笔记本和掌上电脑之间。平板电脑的处理能力大于掌上电脑，而相比于笔记本电脑，它除了拥有其所有功能外，还支持手写输入或语音输入，移动性和便携性都更胜一筹。平板电脑的应用越来越普及，其销售也比较红火，现需将淘宝网上平板电脑的销售数据在电子表格中进行进一步处理。

2）项目任务。运用所给素材完成相关数据的统计与分析，在 Excel 中以表格和统计图表的形式对淘宝网上平板电脑的销售情况进行统计分析。最后完成的作品以"平板电脑销售.xlsx"保存在指定目录下。

3）设计要求

①创建的统计表的格式设置要清晰醒目。

②使用函数和公式进行数据统计，计算正确。

③对根据统计表创建的统计图进行格式设置，做到简洁、明了、美观。

4）制作要求

①根据平板电脑的品牌，统计每种品牌的成交商品数量总和。

②根据品牌的成交商品数量总和，从大到小对各种品牌进行排序。

③选择合适的数据制作统计图，能反映成交数量最多的四种品牌平板电脑的销售情况。

④对制作的统计图进行格式设置，并在统计图上添加数据标签，使得制作的图表美观、清晰和醒目。

2. 评分表

试题代码及名称				1.4.1数据资源整合（一）	
评价要素		配分（分）	分值（分）	评分细则	得分（分）
1	Excel制作	20	2	创建的统计表格清晰醒目	
			3	统计每种品牌的成交商品数量总和	
			3	根据成交商品数量总和，对各种品牌进行排序	
			2	统计表的格式正确	
			2	制作的图表数据正确	
			2	制作的图表类型正确	
			3	在统计图上添加数据标签	
			3	对制作的统计图进行格式设置	
合计配分		20		合计得分	

三十五、数据资源整合（二）（试题代码：1.4.2）

1. 试题单

（1）操作条件

1）计算机。

2）Office 2010。

3）素材。

（2）操作内容。请运用所给素材完成相关Excel制作和数据统计，以表格的形式对化妆品销售情况进行统计。最后完成的统计表以"化妆品销售.xlsx"为文件名保存在指定目录下。

（3）操作要求

1）项目背景。上海天一化妆品有限公司是一家化妆品代理公司，公司代理销售国内外众多知名品牌化妆品。

2）项目任务。请运用所提供的资料，以表格和图表形式对各品牌化妆品销售数据进行统计。最后完成的统计表以"化妆品销售.xlsx"为文件名保存在指定目录下。

3）设计要求

①设计合适的数据表格，在表格中显示各品牌化妆品一月至六月的销售数据。

②计算各品牌化妆品6个月的平均销售额和销售总计。

③对表格内容进行格式设置。

④对表格进行美化。

⑤设计适当的统计图，反映出 6 个月各品牌化妆品的平均销售额。

⑥对统计表进行美化。

4）制作要求

①请在"化妆品销售.xlsx"文件中制作各化妆品销售情况电子表格，完成后以原文件名保存在原目录下。

②销售额数据使用货币数值（¥）表示方法。

③计算各品牌化妆品 6 个月的平均销售额（保留 1 位小数）和销售总计。

④制作 6 个月各品牌化妆品平均销售额的统计图（柱形图），反映各品牌化妆品的平均销售情况。

⑤对表格进行格式设置（标题字号 14 磅、加粗、居中，标题行加底纹；表头字号 12 磅、居中；内容字号 10 磅，数据右对齐）。

⑥统计图标题设置为"化妆品平均销售情况"，设置阴影、圆角，图表内的字体设为 10 磅（除标题）。

2. 评分表

试题代码及名称				1.4.2 数据资源整合（二）	
评价要素		配分（分）	分值（分）	评分细则	得分（分）
1	Excel 制作	20	4	制作各化妆品销售情况电子表格正确（2分），有平均销售额和销售总计表头（各1分）	
			2	销售额数据使用货币数值（¥）表示	
			4	计算平均销售额和销售总计正确（各2分）	
			4	表格格式设置正确：标题字号 14 磅、加粗、居中（各0.5分），标题行加底纹（0.5分）；表头字号12磅，居中（各0.5分）；内容字号10磅，右对齐（各0.5分）	
			2	图表数据正确（1分），统计图为柱形图（1分）	
			4	图表格式设置正确：添加标题（1分）；设置阴影、圆角（各1分），图表内字体10磅（1分）	
合计配分		20		合计得分	

三十六、数据资源整合（三）（试题代码：1.4.3）

1. 试题单

（1）操作条件

1）计算机。

2）Office 2010。

3）素材。

（2）操作内容。请运用所给素材完成相关 Excel 制作和数据统计，以表格的形式对农村居民支出情况进行统计。最后完成的统计表以"农村居民生活支出.xlsx"为文件名保存在指定目录下。

（3）操作要求

1）项目背景。近年来，农村居民生活水平日益改善。近日，统计部门对某市郊区农村居民进行了上半年消费支出抽样调查。

2）项目任务。请运用所给素材，在 Excel 中以表格和统计图表的形式对农村居民生活支出情况进行统计，最后完成的作品以"农村居民生活支出.xlsx"为文件名保存在指定目录下。

3）设计要求

①设计统计表，表格应包括 2011 年、2012 年上半年农村居民各项生活消费支出的情况。

②使用公式和函数进行数据的统计，计算正确。

③制作适当的统计图，对根据统计表创建的统计图进行格式设置，做到简洁、明了、美观。

4）制作要求

①制作 2011 年、2012 年上半年各项生活消费支出的电子表格（2011 年上半年支出＝2012 年上半年支出÷（1＋增长率），数据保留整数）。

②计算 2011 年上半年各项生活消费支出和 2012 年上半年各项生活消费支出的总和。

③对表格进行格式设置（标题居中，表格设置边框、底纹，字号 12 磅）。

④制作适当的统计图（饼图），能反映 2012 年上半年各项生活消费支出占总支出的比例（用百分比表示）。

⑤统计图标题设置为"2012 年上半年农村居民消费支出情况"，设置阴影、圆角，并添

加数据标签。

2. **评分表**

试题代码及名称			1.4.3 数据资源整合（三）		
评价要素		配分（分）	分值（分）	评分细则	得分（分）
1	Excel 制作	20	4	表格设计正确（2分），有"2011年上半年累计（元）"项（1分）；表格标题中有2011和2012字样（1分）	
			3	2011年的内容中，公式、增长率用"/100"和"％"，且计算正确（各1分）；保留整数正确（1分）	
			2	2011年和2012年总额函数及计算正确（各1分）	
			2	表格格式设置正确，标题居中、有边框、有底纹、字号12磅（各0.5分）	
			4	图表数据正确、饼图（各2分）	
			5	图表格式设置正确：添加标题（1分），有阴影和圆角（各1分），用百分比表示（1分），有数据标签（1分）	
合计配分		20		合计得分	

三十七、数据资源整合（四）（试题代码：1.4.4）

1. **试题单**

（1）操作条件

1）计算机。

2）Office 2010。

3）素材。

（2）操作内容。请运用所给素材完成相关 Excel 制作和数据统计，以表格的形式对考试成绩进行统计。最后完成的统计表以"考试成绩.xlsx"为文件名保存在指定目录下。

（3）操作要求

1）项目背景。期中考试结束了，考试成绩不仅能检验教学效果，还能为下学期的课程设置和教师配备提供合适的建议。

2）项目任务。请对班级的考试成绩情况进行统计分析。最后完成的统计表以"考试成绩 . xlsx"为文件名保存在指定目录下。

3）设计要求

①设计合适的数据表格，将素材中的数据填入表格中。

②设计合适的计算公式，统计出每个班级学生每门课程的平均分。

③使用平均分统计表中的有关数据，制作柱形统计图。

④对表格进行美化。

4）制作要求

①统计出班级每门课程的平均分以及每个学生的总分。

②每个学生的总分按照从高到低排序。

③制作统计图，反映各门课程的平均成绩。

④对表格进行格式设置（标题"班级成绩表"居中，表格设置边框、底纹，字号 12 磅），平均成绩数据保留 1 位小数，各数据右对齐。

⑤统计图标题设置为"平均分统计表"，设置阴影、圆角。

2. 评分表

试题代码及名称			1.4.4 数据资源整合（四）		
评价要素		配分（分）	分值（分）	评分细则	得分（分）
1	Excel 制作	20	3	每门课程成绩平均分函数及计算正确（各1分）	
			2	每个学生的总分函数及计算正确（函数正确1分，计算正确1分）	
			4	排序正确	
			4	表格格式设置正确：标题居中，表格设置边框、底纹，字号12磅（各0.5分）；数据右对齐，保留1位小数（各1分）	
			4	图表数据正确（2分），图表类型正确（2分）	
			3	图表格式设置正确：添加标题（1分），设置阴影、圆角（各1分）	
合计配分		20		合计得分	

三十八、数据资源整合（五）（试题代码：1.4.5）

1. 试题单

（1）操作条件

1）计算机。

2）Office 2010。

3）素材。

（2）操作内容。请运用所给素材完成相关 Excel 制作和数据统计，并以表格和统计图表的形式对销售人员的销售业绩进行统计分析。最后完成的统计表以"销售业绩.xlsx"为文件名保存在指定目录下。

（3）操作要求

1）项目背景。销售人员的销售业绩既反映企业的经营情况，又是计算销售人员奖金的重要依据。销售人员销售数据资料已存放在素材文件夹中。

2）项目任务。请运用所给素材完成相关数据的统计和汇总工作，并以表格和统计图表的形式对销售人员的销售业绩进行统计分析。最后完成的统计表以"销售业绩.xlsx"为文件名保存在指定目录下。

3）设计要求

①设计合适的计算公式，统计销售人员每种商品的销售额。

②设计新表，清晰地反映所有销售人员的销售总额。

③设计合适的统计图，清晰地反映所有销售人员的花生销售额。

④对统计表进行格式设置。

4）制作要求

①统计出销售人员每种商品的销售额。

②在 Sheet2 中新建表格，表头分别为销售员、花生销售额、绿豆销售额、大米销售额、销售总额。

③将 Sheet1 中的数据按照销售员顺序复制到 Sheet2 中，并计算销售总额。

④利用 Sheet1 制作柱形统计图表，图表要能反映每个销售员的花生销售额，并进行格

式设置（阴影、圆角），设置标题为"花生销售额"。

⑤对 Sheet1 中的数据表按照表格样式进行格式设置，数字为数值型，金额保留 2 位小数，对齐方式为常规。

2. 评分表

试题代码及名称			1.4.5 数据资源整合（五）		
评价要素		配分（分）	分值（分）	评分细则	得分（分）
1	Excel 制作	20	4	每种商品的销售额计算公式正确（2分）及数值正确（2分）	
			6	新建表格，表头正确（2分）；复制内容正确（2分）；计算销售总额函数及计算结果正确（各1分）	
			4	在 Sheet1 中设置图表正确：图表数据正确（1分）、图表类型正确（1分），设置标题正确（1分），设置阴影（0.5分）、圆角（0.5分）	
			6	对 Sheet1 格式设置正确：边框与底纹设置正确（2分），数字为数值型（1分），金额保留 2 位小数（1分），常规对齐（2分）	
合计配分		20		合计得分	

三十九、数据资源整合（六）（试题代码：1.4.6）

1. 试题单

（1）操作条件

1）计算机。

2）Office 2010。

3）素材。

（2）操作内容。请运用所给素材对 2010 年中国入境旅游接待人次情况进行统计。最后完成的统计表以"旅游统计.xlsx"为文件名保存在指定目录下。

（3）操作要求

1）项目背景。中国国土广袤、山川秀美、历史悠久，漫长的历史和辽阔的国土形成了无比丰富的旅游资源，吸引了越来越多的外国游客、港澳台同胞前来旅游。

2）项目任务。请运用所给素材完成相关数据的统计和汇总工作，并以表格和统计图表的形式对 2010 年中国入境旅游接待人次（部分省市）情况进行统计分析。最后完成的统计表以"旅游统计.xlsx"为文件名保存在指定目录下。

3）设计要求

①设计合适的数据表格，将素材中的数据填入表格中。

②设计合适的计算公式，统计出去年全国入境旅游接待总人次和各类型游客的总人数。

③设计适当的统计图，清晰地反映在所有的入境旅游接待人次中，外国游客、香港同胞、澳门同胞、台湾同胞分别所占的比例。

④对统计图进行美化。

4）制作要求

①把 Word 表格中"2010 年中国入境旅游接待人次（部分省市）统计表"的有关数据复制到 Excel 中。

②统计出各省市接待总人次、各类型游客总人次、全国入境旅游接待总人次，统计结果存放在表的最后一行，该行标题名称为"总计"。

③将全国各省市按照接待总人次的多少进行排序（升序）。

④使用统计表中的有关数据制作适当的饼图，反映所有的入境旅游接待人次中外国游客、香港同胞、澳门同胞、台湾同胞分别所占的比例。

⑤对饼图进行格式设置，添加标题"2010 年中国入境旅游构成图"，并设为艺术字。

2. 评分表

试题代码及名称				1.4.6 数据资源整合（六）	
评价要素		配分（分）	分值（分）	评分细则	得分（分）
1	Excel 制作	20	4	制作新表：表头正确，有总人次（2 分）；内容正确，有总计（2 分）	
			6	各省市接待总人次函数及计算正确（2 分），各类型游客的总人次函数及计算正确（2 分），全国入境旅游接待总人次函数及计算正确（2 分）	

续表

试题代码及名称			1.4.6 数据资源整合（六）			
评价要素		配分（分）	分值（分）	评分细则		得分（分）
1	Excel 制作	20	2	排序正确		
			5	图表制作正确：饼图数据正确（2分），显示比例（1.5分），有图例名称（1.5分）		
			3	图表格式正确：标题是艺术字（1.5分），艺术字内容正确（1.5分）		
合计配分		20		合计得分		

四十、数据资源整合（七）（试题代码：1.4.7）

1. 试题单

（1）操作条件

1）计算机。

2）Office 2010。

3）素材。

（2）操作内容。请运用所给素材完成相关数据的统计与分析，在 Excel 中以表格的形式对家庭费用开支情况进行统计分析。最后完成的统计表以"家庭费用.xlsx"为文件名保存在原目录下。

（3）操作要求

1）项目背景。家庭中的水费、电费、煤气费、上网费等开销是日常生活的基础消费，应该提倡节约、用好资源。

2）项目任务。使用家庭费用开支情况资料，运用电子表格软件对家庭一年内水费、电费、煤气费、上网费等开销情况进行统计分析，最后完成的作品以"家庭费用.xlsx"为文件名保存在原目录下。

3）设计要求

①在 Excel 中制作统计表，对统计表进行格式设置，要求清晰醒目。

②使用公式和函数进行数据统计，计算正确。

③根据统计表创建统计图，进行格式设置，做到简洁、明了、美观。

4）制作要求

①设置表格标题为"李小红家全年各项费用小计"，黑体、16磅，合并居中，并在第二行添加副标题"单位（元）"，宋体、14磅，居右。

②利用函数统计李小红家全年各项费用的合计值及每月平均值。

③给表格添加边框线，外边框粗线，内边框细线。

④表格内容设置为宋体、11磅，居中对齐。

⑤制作适当的折线统计图，反映李小红家全年水、电、煤各月费用的变化趋势。

⑥添加图表标题为"李小红家水、电、煤费用情况"。设置图表格式，添加阴影、圆角。

2. 评分表

试题代码及名称			1.4.7 数据资源整合（七）		
评价要素		配分（分）	分值（分）	评分细则	得分（分）
1	Excel制作	20	4	在第一行设置表格标题为"李小红家全年各项费用小计"（内容正确1分）；标题为黑体、16磅，合并居中（格式正确各1分）	
			2	在第二行添加副标题"单位（元）"（内容正确1分）；副标题为宋体、14磅，居右（格式正确1分）	
			2	利用函数统计李小红家全年各项费用的合计值（公式正确1分，计算正确1分）	
			2	利用函数统计李小红家全年各项费用的平均值（公式正确1分，计算正确1分）	
			2	给表格添加边框线，外边框粗线（1分），内边框细线（1分）	
			2	表格内容设置为宋体、11磅（1分），居中对齐（1分）	
			3	制作适当的统计图，反映李小红家全年水、电、煤各月费用的变化趋势（图表数据正确2分，折线图1分）	
			3	图表格式设置正确：添加图表标题（1分），图表标题为"李小红家水、电、煤费用情况"（内容正确1分），图表设置为阴影、圆角（1分）	
合计配分		20		合计得分	

四十一、数据资源整合（九）（试题代码：1.4.9）

1. 试题单

（1）操作条件

1）计算机。

2）Office 2010。

3）素材。

（2）操作内容。请运用所给素材完成相关 Excel 制作和数据统计，以表格的形式对北京空气质量情况进行统计。最后完成的统计表以"空气质量指数.xlsx"为文件名保存在指定目录下。

（3）操作要求

1）项目背景。北京市的严重雾霾天气已持续多日，北京市气象局昨天继续发布最高级别的雾霾橙色预警。

2）项目任务。运用指定目录所给的素材完成相关数据的统计与分析，在 Excel 中以表格和统计图表的形式对 2013 年 1 月 8 日到 1 月 15 日的 AQI（空气质量指数）情况进行统计分析。最后完成的统计表以"空气质量指数.xlsx"为文件名保存在指定目录下。

3）设计要求

①创建的统计表的格式设置要清晰醒目。

②使用函数和公式进行数据的统计，计算正确，保留整数。

③对根据统计表创建的统计图进行格式设置，做到简洁、明了、美观。

4）制作要求

①设计统计表，表格应包含北京市空气质量数据情况，即日期、空气质量指数、空气质量状况和空气质量程度。

②整个表格要在一页中完成，并居中。

③根据示意图，写出每日空气质量状况（优、良、轻度污染、中度污染、重度污染和严重污染），计算平均空气质量指数，并用填充颜色表示空气质量程度。

④制作统计图，反映北京市空气质量每天的变化情况。

2．评分表

试题代码及名称				1.4.9 数据资源整合（九）	
评价要素		配分 （分）	分值 （分）	评分细则	得分 （分）
1	Excel 制作	20	4	表格标题"北京市空气质量数据情况"正确（1分），列标题包含日期、空气质量指数、空气质量状况和空气质量程度（各0.25分），无"1月7日"列（1分），有"1月15日"列（1分）	
			4	计算平均空气质量指数（函数正确1分，计算正确1分），填写正确的空气质量状况（每个0.25分）	
			2	一页范围内（1分），页面水平居中（1分）	
			2	数据为整数（全对1分）；有空气质量程度的填充色，颜色有区分（全对1分）	
			4	表格设置正确：标题正确（1分），有边框（1分），字体和字号保持一致（1分），文本对齐一致（0.5分），数字对齐一致（0.5分）	
			2	图表设计正确：图表数据正确（1分），为折线图（1分）	
			2	图表设置正确：有标题（0.5分），标题字号较大（0.5分），有阴影（0.5分），有圆角（0.5分）	
合计配分		20		合计得分	

四十二、数据资源整合（十）（试题代码：1.4.10）

1．试题单

（1）操作条件

1）计算机。

2）Office 2010。

3）素材。

（2）操作内容。打开"国内生产总值年度统计（1952—2012）_宏观数据．csv"文件，完成相关 Excel 的格式设置和数据统计。最后完成的统计表以"中国经济发展．xlsx"为文件名保存在指定目录下。

（3）操作要求

1）项目背景。国内生产总值（Gross Domestic Product，简称 GDP），是指在一定时期内（一个季度或一年），一个国家或地区所生产出的全部最终产品和劳务的价值总和，常被认为是衡量国家经济状况的最佳指标。国家统计局会每年在其官方网站上公布相应的数据。

2）项目任务。运用所给素材完成相关数据的统计与分析。最后完成的统计表以"中国经济发展.xlsx"为文件名保存在指定目录下。

3）设计要求

①创建的统计表的格式设置要清晰醒目。

②使用函数和公式进行数据的统计，计算正确，所有数据保留 2 位小数。

③对根据统计表创建的统计图（折线图）进行格式设置，做到简洁、明了、美观。

4）制作要求

①整个内容要在一页中完成，表格包含统计年度、国内生产总值（亿元）、人均国内生产总值（元）、国民生产总值（亿元）、第一产业产值（亿元）、第二产业产值（亿元）、工业产值（亿元）、建筑业产值（亿元）、第三产业产值（亿元）和总人口的统计情况。

②重新计算每年的国内生产总值（亿元）（国内生产总值为第一产业、第二产业、第三产业的产值总和）和第二产业（亿元）（第二产业产值为工业与建筑业的产值总和），根据数据计算全国总人口（2012 年除外）。

③删除总人口数少于 12.6 亿的年份。

④制作统计图，反映 2012 年之前人均国内生产总值与全国人口的逐年变化趋势。

2. 评分表

试题代码及名称				1.4.10 数据资源整合（十）	
评价要素		配分（分）	分值（分）	评分细则	得分（分）
1	Excel 制作	20	1	整个内容在一页中	
			1	具有要求的列标题元素（全对得分）	
			2	国内生产总值、第二产业产值的函数及计算正确（各 1 分）	

续表

试题代码及名称			1.4.10 数据资源整合（十）		
评价要素		配分（分）	分值（分）	评分细则	得分（分）
1	Excel 制作	20	2	全国总人口函数及计算正确	
			2	保留年份数据正确	
			1	保留 2 位小数正确	
			2	表格中年份升序排列	
			2	图表数据、折线图正确（各 1 分）	
			1	"统计年度"列的年份后面有"年"字样（全对得分）	
			2	列标题自动换行、水平居中、垂直居中	
			2	表格格式设置：有标题（0.5 分）、有边框（0.5 分），字体一致（0.5 分），字号一致（0.5 分）	
			2	图表格式设置：有标题（0.5 分），标题字号较大（0.5 分），有阴影（0.5 分），有圆角0.5 分）	
合计配分		20		合计得分	

四十三、数据资源整合（十一）（试题代码：1.4.11）

1. 试题单

（1）操作条件

1）计算机。

2）Office 2010。

3）素材。

（2）操作内容。运用指定目录所给的素材完成相关数据的统计与分析，在 Excel 中，以表格和统计图表的形式对 2010 年和 2012 年的中国轿车产能情况进行统计分析。最后完成的作品以"汽车.xlsx"为文件名保存在指定目录下。

（3）操作要求

1）项目背景。巨大的市场规模正推动着中国汽车工业快速发展，中国的汽车市场是巨大的，市场需求在一段时间内还会以一定的速度增长。现需要将有关汽车产能的数据放到电子表格中进行进一步处理。

2）项目任务。运用指定目录所给的素材完成相关数据的统计与分析，在 Excel 中以表格和统计图表的形式对 2010 年和 2012 年中国轿车产能的情况进行统计分析。最后完成的作品以"汽车.xlsx"为文件名保存在指定目录下。

3）设计要求

①创建的统计表的格式设置要清晰醒目。

②使用函数和公式进行数据的统计，计算正确。

③对根据统计表创建的统计图进行格式设置，做到简洁、明了、美观。

4）制作要求

①设计统计表，表格应包含 2010 年和 2012 年两年中每个月轿车的产量。

②计算每年轿车产量的总和、最大值、最小值。设置表格格式，使统计表美观、清晰。

③制作统计图 1，反映每个月 2010 年和 2012 年轿车产量的对比情况，并对制作的统计图进行格式设置。

④在统计图 1 的下方制作统计图 2，反映 2012 年 1—12 月轿车产量的年度变化趋势，并对制作的统计图进行格式设置，无图例，在图上显示产量值的数据标记。

2. 评分表

试题代码及名称				1.4.11 数据资源整合（十一）	
评价要素		配分（分）	分值（分）	评分细则	得分（分）
1	Excel 制作	20	4	对提供的素材进行整理和提取，设计合理的统计表，反映每个月 2010 年和 2012 年轿车产量的对比情况	
			6	使用函数计算每年轿车产量的总和、最大值、最小值	
			6	制作的两个统计图类型合适，图表正确，并设置格式	
			2	两个统计图数据正确	
			2	配有合适的统计表，统计表有标题，表格有格式设置	
合计配分		20		合计得分	

四十四、数据资源整合（十二）（试题代码：1.4.12）

1. 试题单

（1）操作条件

1）计算机。

2）Office 2010。

3）素材。

（2）操作内容。运用指定目录所给的素材完成相关数据的统计与分析，在 Excel 中以表格和统计图表的形式对 2010 年中等职业学校的教育经费情况进行统计分析。最后完成的作品以"2010 年中等职业学校的教育经费.xlsx"为文件名保存在指定目录下。

（3）操作要求

1）项目背景。据《中国统计年鉴（2012）》统计，2010 年全国各类学校的教育经费达 195 618 471 万元，其中中等职业学校的教育经费达 13 573 099 万元。现已统计出各个类别的中等职业学校的各项教育经费数据，请将这些数据放到电子表格中进行进一步的统计与分析。

2）项目任务。运用指定目录所给的素材完成相关数据的统计与分析，在 Excel 中以表格和统计图表的形式对 2010 年中等职业学校的教育经费情况进行统计分析。最后完成的作品以"2010 年中等职业学校的教育经费.xlsx"为文件名保存在指定目录下。

3）设计要求

①设计的表格应能体现各类中等职业学校的各项教育经费情况。

②要使用公式或函数计算出各类中等职业学校的教育经费总额，以及所有中等职业学校中各类经费项目的经费总额。

③创建的统计表的格式设置要清晰醒目。

④对根据统计表创建的统计图进行格式设置，做到简洁、明了、美观。

4）制作要求

①设计统计表，表格应包含各类中等职业学校的各项教育经费情况。

②使用公式或函数计算出各类中等职业学校的教育经费总额，以及所有中等职业学校中

各类经费项目的经费总额，计算结果正确。

③制作统计图，反映在所有中等职业技术学校的教育经费总额中不同类别的学校所占的经费比例。所选数据源正确，制作的统计图类型正确。

④统计图要有标题、图例，标题为"2010年中等职业学校的教育经费情况"，并进行图表格式设置。

⑤统计图与统计表在一个工作表内。

2. 评分表

试题代码及名称				1.4.12 数据资源整合（十二）	
评价要素		配分（分）	分值（分）	评分细则	得分（分）
1	Excel 制作	20	2	对提供的素材进行整理和提取，设计合理的统计表	
			4	按要求使用公式或函数计算，计算结果正确	
			3	选择正确的数据源制作统计图表	
			3	选择合适的统计图表类型	
			2	统计图有标题、图例	
			2	统计表有标题，表格有格式设置	
			2	图表有格式设置	
			2	统计图与统计表在一个工作表内	
合计配分		20		合计得分	

四十五、多媒体作品编辑制作（一）（试题代码：1.5.1）

1. 试题单

（1）操作条件

1）计算机。

2）Office 2010。

3）素材。

（2）操作内容。运用所给素材制作一个多媒体演示文稿。最后完成的作品以"平板电脑.pptx"为文件名保存在指定目录下。

（3）操作要求

1）项目背景。由于学生们对平板电脑十分感兴趣，信息技术教师准备专门开设一次有关平板电脑的讲座，介绍多种常见的平板电脑。信息技术教师已经从网上收集了许多关于平板电脑的资料，请帮助教师制作一个介绍平板电脑的演示文稿，题目是"平板电脑"。

2）项目任务。运用指定目录中的素材制作一个多媒体演示文稿。最后完成的作品以"平板电脑.pptx"为文件名保存在指定目录下。

3）设计要求

①设计至少5张幻灯片，介绍4种平板电脑，要求图文并茂。

②其中第一张幻灯片为主题、前言和目录，主题设置动画效果。

③从第二张开始，每张幻灯片上介绍一种平板电脑，在幻灯片上有相应平板电脑的图片、文字简述和具体参数。

4）制作要求

①通过第一张幻灯片上的文字或图片链接到相应的幻灯片，在相应的幻灯片上设置返回按钮返回到第一张幻灯片。

②幻灯片排版合理、色彩搭配协调，标题使用艺术字。

③各幻灯片播放时设置合适的切换方式。

④为各幻灯片的对象设置动画效果。

2. 评分表

试题代码及名称		1.5.1多媒体作品编辑制作（一）			
评价要素		配分（分）	分值（分）	评分细则	得分（分）
1	演示文稿基本操作	20	2	至少5张幻灯片	
			3	介绍4种平板电脑	
			1	第一张幻灯片为主题、前言和目录	
			2	幻灯片的标题用艺术字	
			2	为第一张幻灯片的主题设置动画效果	
			4	各超链接正确	
			2	各幻灯片播放时设置切换方式	
			2	为各对象加上合适的动画效果	
			2	幻灯片上使用图片、文字等多媒体元素	

试题代码及名称				1.5.1多媒体作品编辑制作（一）	
评价要素		配分（分）	分值（分）	评分细则	得分（分）
2	演示文稿设计	10	3	素材选择全部正确（1分），4组文字和图片匹配（2分）（注：有不正确的素材得0分）	
			3	动画效果设置：有2～5种动画效果（1分），某张幻灯片的某个对象有2种以上效果（1分），有对象自动播放（1分）	
			2	有背景设置	
			2	色彩搭配合理，用主题、模板或艺术字，文字、背景自设2～5种颜色	
合计配分		30		合计得分	

注：不在下面列表中的素材为无关素材。

序号	文字和标题的关键字	文件名
1	iPad	iPad-1. jpg
2	华为 MediaPad	华为 MediaPad 10FHD-1. png
3	Surface	Surface-1. jpg
4	乐 Pad	联想乐 Pad A2207-1. jpg
5	Galaxy Note	三星 Galaxy Note 10. 1-1. jpg

四十六、多媒体作品编辑制作（二）（试题代码：1.5.2）

1. 试题单

（1）操作条件

1）计算机。

2）Office 2010。

3）素材。

（2）操作内容。运用所给素材制作一个介绍《中国好声音》的多媒体演示文稿。最后完成的作品以"中国好声音.pptx"为文件名保存在指定目录下。

（3）操作要求

1）项目背景。2012 年，《中国好声音》节目红遍大江南北，新华贸易公司的工会决定组织一次"新华好声音"比赛，丰富员工的业余生活。

2）项目任务。工会打算制作一个多媒体宣传片来发动员工们参加"新华好声音"的比赛。最后完成的作品以"中国好声音.pptx"为文件名保存在指定目录下。

3）设计要求

①设计至少 4 张幻灯片，介绍至少 3 位中国好声音选手。

②幻灯片中有主题和选手名字。

③每张幻灯片介绍一个中国好声音选手，应有合适的图片和相应的文字说明。

④幻灯片图文并茂，排版合理，字体大小合适。

⑤添加视频。

⑥幻灯片最后出现邀请员工们参加"新华好声音"比赛的宣传文字。

4）制作要求

①主题用艺术字并设置动画效果。

②在标题幻灯片和各幻灯片之间设置合适的超链接。

③各幻灯片播放时设置切换方式，文字和图片都加上合适的动画效果。

④视频运用恰当。

2. 评分表

试题代码及名称				1.5.2 多媒体作品编辑制作（二）	
评价要素		配分（分）	分值（分）	评分细则	得分（分）
1	演示文稿基本操作	20	2	设计至少 4 张幻灯片	
			3	介绍至少 3 位选手	
			1	有主题	
			2	有正确文字链接	
			2	添加视频	
			2	幻灯片有标题和文字介绍	
			2	返回按钮链接正确	
			2	各幻灯片播放时设置切换方式	

续表

试题代码及名称			1.5.2多媒体作品编辑制作（二）		
评价要素		配分 （分）	分值 （分）	评分细则	得分 （分）
		20	2	各幻灯片播放时，文字和图片都加上合适的动画效果	
			1	幻灯片上使用的图片大小合适，内容正确	
			1	最后一张幻灯片出现邀请参加"新华好声音"比赛的宣传文字	
2	演示文稿设计	10	3	素材选择全部正确（1分），至少3组文字和图片匹配（2分） （注：有不正确的素材得0分）	
			3	动画效果设置：有2～5种动画效果（1分），某张幻灯片的某个对象有2种以上效果（1分），有对象自动播放（1分）	
			2	有背景设置	
			2	色彩搭配合理，用主题、模板或艺术字，文字、背景自设2～5种颜色	
合计配分		30		合计得分	

注：不在下面列表中的素材为无关素材。

序号	文字和标题的关键字	文件名
1	丁丁	丁丁.jpg
2	吴莫愁	吴莫愁.jpg
3	金志文	金志文.jpg
4	吉克隽逸	吉克隽逸.jpg
5	梁博	梁博.jpg

四十七、多媒体作品编辑制作（三）（试题代码：1.5.3）

1. 试题单

（1）操作条件

1）计算机。

2）Office 2010。

3）素材。

（2）操作内容。运用所给素材制作一个介绍"2012年电影"的多媒体演示文稿。最后完成的作品以"电影2012.pptx"为文件名保存在指定目录下。

（3）操作要求

1）项目背景。近几年，电影越来越受到年轻人的喜欢，《人在囧途之泰囧》《1942》《超凡蜘蛛侠》等影片一经放映，立即夺人眼球。

2）项目任务。请运用所给素材制作介绍2012年上映电影的多媒体电子演示文稿。最后完成的作品以"电影2012.pptx"为文件名保存在指定目录下。

3）设计要求

①设计至少5张幻灯片，介绍至少4部电影。

②幻灯片中有主题和电影名称。

③每张幻灯片介绍一部电影，应有合适的图片和相应的文字说明。

④幻灯片图文并茂，排版合理，字体大小合适。

⑤添加背景音乐。

⑥请谈谈你对这些电影的认识和看法。

4）制作要求

①主题用艺术字并设置动画效果。

②主题幻灯片和各电影幻灯片之间设置超链接。

③各幻灯片播放时设置切换方式，文字和图片都加上合适的动画效果。

④对幻灯片上使用的图片进行处理，使图片大小相同。

⑤背景音乐选择适当合理。

2. 评分表

试题代码及名称			1.5.3 多媒体作品编辑制作（三）	
评价要素		配分（分）	分值（分）	评分细则	得分（分）

序号	评价要素	配分（分）	分值（分）	评分细则	得分（分）
1	演示文稿基本操作	20	2	设计至少 5 张幻灯片	
			2	介绍至少 4 部电影	
			1	主题采用艺术字	
			2	有正确文字链接	
			2	添加背景音乐	
			2	幻灯片有标题和文字介绍	
			2	返回按钮链接正确	
			2	各幻灯片播放时设置切换方式	
			2	各幻灯片播放时，文字和图片都加上合适的动画效果	
			2	幻灯片上的图片大小合适，内容正确	
			1	有个人观点	
2	演示文稿设计	10	3	素材选择全部正确（1分），至少 4 组文字和图片匹配（2分）（注：有不正确的素材得 0 分）	
			3	动画效果设置：有 2～5 种动画效果（1分），某张幻灯片的某个对象有 2 种以上效果（1分），有对象自动播放（1分）	
			2	有背景设置	
			2	色彩搭配合理，用主题、模板或艺术字，文字、背景自设 2～5 种颜色	
合计配分		30		合计得分	

注：不在下面列表中的素材为无关素材。

序号	文字和标题的关键字	文件名
1	1942	1942＊.jpg
2	超凡蜘蛛侠	超凡蜘蛛侠 01.jpg
3	泰囧	泰囧＊.jpg
4	王的盛宴	王的盛宴＊.jpg
5	猪猪侠	猪猪侠＊.jpg

四十八、多媒体作品编辑制作（四）（试题代码：1.5.4）

1. 试题单

（1）操作条件

1）计算机。

2）Office 2010。

3）素材。

（2）操作内容。运用所给素材修改一个介绍动漫作品的多媒体演示文稿。最后完成的作品以"动漫.pptx"为文件名保存在指定目录下。

（3）操作要求

1）项目背景。动漫伴随一代又一代儿童成长，每个人的心中都有一个属于自己那个年代的动漫形象。

2）项目任务。打开"动漫.pptx"文件，请运用所给素材制作介绍动漫的多媒体演示文稿。最后完成的作品以原文件名保存在原目录下。

3）设计要求

①设计至少4张幻灯片，介绍2部动漫作品。

②幻灯片有创意，图文并茂，排版合理。

4）制作要求

①主题幻灯片标题是"动漫介绍"。

②在主题幻灯片和两个动漫幻灯片之间设置合适的超链接。

③动漫介绍要求图文并茂，有标题，有文字介绍。

④每个动漫介绍的结尾处设置返回按钮。

⑤各幻灯片播放时设置切换方式，文字和图片都加上合适的动画效果。

⑥对幻灯片中使用的图片进行处理，使图片大小合适。

⑦在末尾幻灯片插入麦兜主题曲，点击后播放。

2. 评分表

试题代码及名称			1.5.4 多媒体作品编辑制作（四）	
评价要素	配分（分）	分值（分）	评分细则	得分（分）
1 演示文稿基本操作	20	2	设计至少 4 张幻灯片	
		2	介绍至少 2 部动漫作品	
		2	有主题	
		2	有正确文字链接	
		2	动漫有标题和文字介绍	
		3	返回按钮链接正确	
		2	幻灯片设置切换方式（1 分），幻灯片设置动画效果（1 分）	
		3	幻灯片上使用的动漫主题图片大小合适	
		2	插入声音文件正确（1 分），点击播放声音文件设置正确（1 分）	
2 演示文稿设计	10	3	素材选择全部正确（1 分），2 组文字和图片匹配（2 分）（注：有不正确的素材得 0 分）	
		3	动画效果设置：有 2～5 种动画效果（1 分），某张幻灯片的某个对象有 2 种以上效果（1 分），有对象（除声音对象外）自动播放（1 分）	
		2	有背景设置	
		2	色彩搭配合理，用主题、模板或艺术字，文字、背景自设 2～5 种颜色	
合计配分	30		合计得分	

注：不在下面列表中的素材为无关素材。

序号	文字和标题的关键字	文件名
1	我为歌狂	我为歌狂＊.jpg
2	麦兜	麦兜.jpg
3	加菲猫	jfm＊.jpg

四十九、多媒体作品编辑制作（五）（试题代码：1.5.5）

1. 试题单

（1）操作条件

1）计算机。

2）Office 2010。

3）素材。

（2）操作内容。运用所给素材制作一个宣传防范 PM2.5（大气中直径小于等于 $2.5\ \mu m$ 的颗粒物）的多媒体演示文稿。最后完成的作品以"健康.pptx"为文件名保存在指定目录下。

（3）操作要求

1）项目背景。PM2.5 逐步走入人们的视野，是因为其对人体的伤害较大。因此，我们在日常生活中要做好各项措施，防范 PM2.5 带来的危害。

2）项目任务。请运用所给素材制作日常生活中如何防范 PM2.5 的多媒体演示文稿。最后完成的作品以"健康.pptx"为文件名保存在指定目录下。

3）设计要求

①设计至少 4 张幻灯片，介绍至少 3 种防范措施。

②幻灯片图文并茂，排版合理，字体大小合适。

4）制作要求

①为整个演示文稿选用主题"流畅"。

②将主题幻灯片的标题"日常生活中如何防范 PM2.5"设为艺术字。

③在主题幻灯片中插入背景音乐"天籁之音.wav"，跨幻灯片播放。

④至少选用 3 种防范措施制作 3 张幻灯片，3 张幻灯片均有标题、图片和文字。

⑤至少有一张幻灯片，文字采用文本框，大小与图片一致，垂直并排在标题下。

⑥至少有一张幻灯片设置背景格式，纯色填充，填充颜色为蓝色，强调文字颜色 1。

⑦在最后一张幻灯片中插入自选图形"星与旗帜"中的"六角星"，点击可以返回主题幻灯片。

⑧对幻灯片上使用的图片进行处理，使图片大小合适。

2. 评分表

试题代码及名称			1.5.5 多媒体作品编辑制作（五）	
评价要素		配分（分）	分值（分）	评分细则	得分（分）
1	演示文稿基本操作	20	2	设计至少 4 张幻灯片	
			2	文稿选用主题"流畅"	
			2	幻灯片标题采用艺术字	
			2	有背景音乐（1 分），且跨幻灯片播放（1 分）	
			2	有一张幻灯片文字采用文本框	
			4	有一张幻灯片文本框和图片大小一致，垂直并排	
			2	有幻灯片应用背景颜色	
			2	最后一张幻灯片中有自选图形	
			2	自选图形链接正确	
2	演示文稿设计	10	3	素材选择全部正确（1 分），至少 3 组文字和图片匹配（2 分）（注：有不正确的素材得 0 分）	
			3	幻灯片有 2~5 种动画效果（1 分），某张幻灯片的某个对象有 2 种以上效果（1 分），有对象（除声音对象之外）自动播放（1 分）	
			2	有背景设置	
			2	色彩搭配合理，用主题、模板或艺术字，文字、背景自选 2~5 种颜色	
合计配分		30		合计得分	

注：不在下面列表中的素材为无关素材。

序号	文字和标题的关键字	文件名
1	口罩	口罩 * .jpg
2	个人卫生或洗手	洗手 .jpg
3	情绪	情绪 .jpg
4	食疗	食疗 .jpg
5	绿植	绿植 * .jpg
6	戒车	汽车尾气 .jpg

五十、多媒体作品编辑制作（六）（试题代码：1.5.6）

1. 试题单

（1）操作条件

1）计算机。

2）Office 2010。

3）素材。

（2）操作内容。请运用所给素材制作介绍西方节日的多媒体演示文稿。最后完成的作品以"西方节日.pptx"为文件名保存在指定目录下。

（3）操作要求

1）项目背景。近年来，西方节日在我国日益流行，特别是在青少年群体中。各种各样的西方节日越来越受到青少年的欢迎和重视。这一问题曾经引起了很多人的关注，人们有必要对西方节日有一个基本的了解。

2）项目任务。请运用所给素材制作介绍西方节日的多媒体演示文稿。最后完成的作品以"西方节日.pptx"为文件名保存在指定目录下。

3）设计要求

①设计至少 5 张幻灯片，介绍至少 4 个西方节日。

②幻灯片有创意，图文并茂，排版合理。

4）制作要求

①主题为"西方节日"。

②在主题幻灯片和各幻灯片之间设置合适的超链接。

③幻灯片要求图文并茂，有标题，有文字介绍。

④每张幻灯片介绍的结尾设置返回按钮。

⑤各幻灯片播放时设置切换方式，文字和图片都加上合适的动画效果。

⑥根据幻灯片的内容，至少插入一段音频文件。

2. 评分表

试题代码及名称			1.5.6 多媒体作品编辑制作（六）	
评价要素	配分 （分）	分值 （分）	评分细则	得分 （分）
1　演示文稿基本操作	20	2	设计至少 5 张幻灯片	
		2	介绍至少 4 个西方节日	
		2	有主题	
		2	有正确文字链接	
		2	有标题和文字介绍	
		2	返回按钮链接正确	
		2	各幻灯片播放时设置切换方式	
		2	各幻灯片播放时，文字和图片都加上合适的动画效果	
		2	幻灯片上使用的动画主题图片大小合适，动画主题内容正确	
		2	有音频	
2　演示文稿设计	10	3	素材选择全部正确（1 分），至少 4 组文字、图片及音频匹配（2 分） （注：有不正确的素材得 0 分）	
		3	幻灯片有 2～5 种动画效果（1 分），某张幻灯片的某个对象有 2 种以上效果（1 分），有对象自动播放（1 分）	
		2	有背景设置	
		2	色彩搭配合理，用主题、模板或艺术字，文字、背景自设 2～5 种颜色	
合计配分	30		合计得分	

注：不在下面列表中的素材为无关素材。

序号	文字和标题的关键字	文件名
1	儿童节	儿童节.jpg
2	母亲节	母亲节＊.jpg 儿童歌曲-我的好妈妈.wma

续表

序号	文字和标题的关键字	文件名
3	劳动节	劳动节.jpg 劳动最光荣.wma
4	父亲节	父亲节.jpg
5	感恩节	感恩节.jpg
6	情人节	情人节.jpg
7	圣诞节	圣诞节.jpg
8	平安夜	平安夜.jpg
9	复活节	复活节.jpg
10	万圣节	万圣节.jpg
11	愚人节	愚人节.jpg

五十一、多媒体作品编辑制作（七）（试题代码：1.5.7）

1. 试题单

（1）操作条件

1）计算机。

2）Office 2010。

3）素材。

（2）操作内容。运用所给素材制作一个介绍"节能减排"的多媒体演示文稿。最后完成的作品以"节能减排.pptx"为文件名保存在原目录下。

（3）操作要求

1）项目背景。地球在呻吟，原本绿色的土地被黄沙吞没，原本蔚蓝的天空不再蔚蓝，原本清新的空气不再清新……是什么原因使地球得了重病呢？是生态的破坏和环境的污染。让我们一起来做节能减排的宣传员吧，号召大家在衣、食、住、行各方面厉行节能减排。

2）项目任务。请运用所给素材制作一个介绍日常生活中的节能减排措施的多媒体演示文稿，号召大家在衣、食、住、行各方面厉行节能减排。最后完成的作品以"节能减排.pptx"为文件名保存在原目录下。

3）设计要求

①设计至少 5 张幻灯片，介绍 4 项节能减排措施。

②幻灯片有创意，图文并茂，排版合理。

4）制作要求

①第一张幻灯片有艺术字标题"节能减排"和 4 项节能减排措施的名称。

②通过第一张幻灯片的超链接，能直接链接到相应幻灯片；在相应幻灯片上设置返回按钮，能返回到第一张幻灯片。

③4 项节能减排介绍有标题、有文字介绍、有相关图片，要求图文并茂。

④各幻灯片播放时设置切换方式。

⑤为各幻灯片中的文字或图片加上合适的动画效果。

⑥对幻灯片中使用的图片进行适当修饰。

⑦为其中一张幻灯片添加"低碳生活　请选择绿色出行"视频。

2. 评分表

试题代码及名称			1.5.7 多媒体作品编辑制作（七）		
评价要素	配分（分）	分值（分）	评分细则		得分（分）
1 演示文稿基本操作	20	2	设计至少 5 张幻灯片		
		2	首页有艺术字标题"节能减排"		
		2	首页介绍 4 个节能减排措施的名称		
		2	首页与其他页面有正确的文字链接		
		2	每个节能减排的项目有标题和文字介绍		
		2	返回按钮链接正确		
		2	各幻灯片播放时设置切换方式		
		2	各幻灯片播放时有合适的动画效果		
		2	幻灯片上使用的图片大小合适，设置了某种图片格式		
		2	其中一幻灯片能播放视频		
2 演示文稿设计	10	3	素材选择全部正确（1分），4组文字和图片匹配（2分）（注：有不正确的素材得 0 分）		

续表

试题代码及名称				1.5.7多媒体作品编辑制作（七）	
评价要素		配分 （分）	分值 （分）	评分细则	得分 （分）
2	演示文稿设计	10	3	动画效果设置：有2~5种动画效果（1分），某张幻灯片的某个对象有2种以上效果（1分），有对象自动播放（1分）	
			2	有背景设置	
			2	色彩搭配合理，用主题、模板或艺术字，文字、背景自设2~5种颜色	
合计配分		30		合计得分	

注：不在下面列表中的素材为无关素材。

序号	文字和标题的关键字	文件名
1	衣	衣＊.jpg
2	食	食＊.jpg
3	住	住＊.jpg
4	行	行＊.jpg
可用素材	除"儿童节.jpg""父亲节.jpg""求职信.doc"三个文件之外，都是可用素材	

五十二、多媒体作品编辑制作（八）（试题代码：1.5.8）

1. 试题单

（1）操作条件

1）计算机。

2）Office 2010。

3）素材。

（2）操作内容。运用所给素材制作一个介绍幼儿游戏的多媒体演示文稿。最后完成的作品以"幼儿游戏.pptx"为文件名保存在原目录下。

（3）操作要求

1）项目背景。幼儿园的体育游戏对幼儿的健康成长十分重要，同时对家长如何在家开展亲子活动起到很好的指导作用。

2）项目任务。请运用所给素材制作一个介绍幼儿游戏的多媒体演示文稿。最后完成的作品以"幼儿游戏.pptx"为文件名保存在原目录下。

3）设计要求

①设计至少 5 张幻灯片，介绍 4 项幼儿游戏。

②幻灯片有创意，图文并茂，排版合理。

4）制作要求

①第一张幻灯片有艺术字标题"幼儿游戏"和 4 项幼儿游戏的名称。

②通过第一张幻灯片的超链接，能直接链接到相应幻灯片；在相应幻灯片上设置返回按钮，能返回到第一张幻灯片。

③4 项幼儿游戏介绍有标题、有文字介绍、有相关图片，要求图文并茂。

④各幻灯片播放时设置切换方式。

⑤为各幻灯片文字或图片加上合适的动画效果。

⑥对幻灯片上使用的图片进行适当修饰。

⑦在幻灯片中添加音乐。

2. 评分表

试题代码及名称			1.5.8 多媒体作品编辑制作（八）		
评价要素		配分（分）	分值（分）	评分细则	得分（分）
1	演示文稿基本操作	20	2	设计至少 5 张幻灯片	
			2	首页有艺术字标题"幼儿游戏"	
			2	首页介绍 4 项幼儿游戏的名称	
			2	每页有标题和文字介绍	
			2	幻灯片上使用的图片大小合适，设置了某种图片格式	
			2	首页与其他页面有正确的文字链接	
			2	返回按钮链接正确	
			2	各幻灯片播放时设置切换方式	

续表

试题代码及名称				1.5.8多媒体作品编辑制作（八）	
评价要素		配分（分）	分值（分）	评分细则	得分（分）
1	演示文稿基本操作	20	2	各幻灯片播放时，文字或图片有合适的动画效果	
			2	幻灯片中添加音乐	
2	演示文稿设计	10	3	素材选择全部正确（1分），4组文字和图片匹配（2分）（注：有不正确的素材得0分）	
			3	动画效果设置：有2～5种动画效果（1分），某张幻灯片的某个对象有2种以上效果（1分），有对象自动播放（1分）	
			2	有背景设置	
			2	色彩搭配合理，用主题、模板或艺术字，文字、背景自设2～5种颜色	
合计配分		30		合计得分	

注：不在下面列表中的素材为无关素材。

序号	文字和标题的关键字	文件名
1	不倒翁	不倒翁＊.jpg
2	斗鸡	斗鸡.jpg
3	木头人	木头人.jpg
4	小火车	小火车.jpg
可用素材	除"中国好声音梁博夺冠.txt""医疗保健2.jpg""吴莫愁2.jpg"三个文件之外，都是可用素材	

五十三、多媒体作品编辑制作（九）（试题代码：1.5.9）

1. 试题单

（1）操作条件

1）计算机。

2）Office 2010。

3）素材。

（2）操作内容。运用所给素材制作一个介绍"新产品展示文案"的多媒体演示文稿。最后完成的作品以"新产品展示.pptx"为文件名保存在指定目录下。

（3）操作要求

1）项目背景。北京时间 2012 年 3 月 8 日凌晨，苹果公司在美国旧金山芳草地艺术中心发布第三代 iPad。据苹果中国官方网站信息，苹果第三代 iPad 定名为"全新 iPad"。全新 iPad 配 500 万像素后置摄像头，采用 A5X 处理器、四核图形芯片。首批全新 iPad 于 2012 年 3 月 16 日上市销售，上市地区包括中国香港。

2）项目任务。请运用所给素材制作介绍苹果 iPad 系列产品的多媒体演示文稿。最后完成的作品以"新产品展示.pptx"为文件名保存在指定目录下。

3）设计要求

①设计至少 5 张幻灯片，介绍至少 3 个 iPad 3 的新特性，应包含合适的图片及相应的文字说明。

②使音频音乐能自始至终循环播放。

③必须有一张幻灯片有介绍 iPad 3 与同类型产品之间的对比情况表（起码涉及三项指标）。

④幻灯片图文并茂，排版合理，字体大小合适。

⑤请你就 iPad 3 的新特性谈谈自己的认识及体会（认识部分可从给出的内容中选择）。

4）制作要求

①主题用艺术字并设置动画效果。设置超链接，使幻灯片有层次感，并能随时结束放映。

②各幻灯片播放时设置切换方式，文字和图片都加上合适有序的动画效果。

③对幻灯片上使用的图片进行处理，使其带有艺术效果。

④幻灯片能自动循环播放。

2. 评分表

试题代码及名称			1.5.9 多媒体作品编辑制作（九）	
评价要素	配分（分）	分值（分）	评分细则	得分（分）
1 演示文稿基本操作	20	2	设计至少5张幻灯片	
		2	介绍至少3个iPad 3的新特性	
		3	幻灯片自动循环播放（1.5分），图片带有艺术效果（1.5分）	
		2	幻灯片的主题用艺术字（1分），并设置动画效果（1分）	
		2	有对比情况表（1分），有认识和体会（1分）	
		3	各超链接正确（1.5分），每张都能结束放映（1.5分）	
		2	各幻灯片播放时设置切换方式	
		2	各幻灯片播放时，文字和图片都加上合适有序的动画效果	
		2	幻灯片上使用图片、声音等多媒体元素	
2 演示文稿设计	10	3	素材选用与处理：对比情况表中有型号、尺寸、摄像头、处理器、RAM（随机存取存储器）、续航、视频、重量、显示屏、分辨率等的任意三个组合（1分），结束放映在幻灯片母版中（1分），背景音乐是素材中的（1分）	
		3	动画效果设置：有2～5种动画效果（1分），某张幻灯片的某个对象有2种以上效果（1分），有对象自动播放（1分）	
		2	有背景设置	
		2	色彩搭配合理，用主题、模板或艺术字，文字、背景自设2～5种颜色	
合计配分	30		合计得分	

五十四、多媒体作品编辑制作（十）（试题代码：1.5.10）

1. 试题单

（1）操作条件

1）计算机。

2）Office 2010。

3）素材。

（2）操作内容。运用所给素材制作一个介绍"空气污染"的多媒体演示文稿。最后完成的作品以"空气污染.pptx"为文件名保存在指定目录下。

（3）操作要求

1）项目背景。当一场浓雾笼罩中国一片片地区时，它在这个世界第二大经济体引发了代价高昂的连锁反应。政府取消了中国北方的航班并命令一些工厂关闭。大量干咳的病人涌入医院。

2）项目任务。请运用所给素材制作有关空气污染危害与防范的多媒体演示文稿。最后完成的作品以"空气污染.pptx"为文件名保存在指定目录下。

3）设计要求

①设计至少5张幻灯片，介绍3个大气污染对全球大气环境的影响。

②在其中一张幻灯片中，选用合适的图片作为背景，图片边缘柔化。

③在其中一张幻灯片中，有介绍大气污染危害的视频，视频能自动全屏播放。

④在幻灯片中应用主题模板。

⑤幻灯片图文并茂，排版合理，字体大小合适。

⑥请结合上海空气情况谈谈自己的认识及体会（认识部分可从给出的内容中选择）。

4）制作要求

①主题用艺术字并设置动画效果。

②在主题幻灯片和各幻灯片之间设置合适的超链接。

③各幻灯片播放时设置不同的切换方式，给各对象加上合适的动画效果。

④幻灯片播放时，能够完整自动地从头播放到底。

2．评分表

试题代码及名称				1.5.10 多媒体作品编辑制作（十）	
评价要素		配分（分）	分值（分）	评分细则	得分（分）
1	演示文稿基本操作	20	1	设计至少 5 张幻灯片	
			1	介绍大气污染的 3 个影响	
			2	幻灯片中应用主题模板	
			2	幻灯片之间有链接，链接正确	
			1	有背景图片	
			1	背景图片边缘柔化	
			2	幻灯片的主题用艺术字和动画效果	
			2	在某张介绍大气污染的幻灯片中有视频对象，且能自动全屏播放	
			2	有自己的认识及体会	
			2	各幻灯片播放时设置不同的切换方式	
			2	各幻灯片播放时，每个对象都有合适的动画效果	
			2	幻灯片能自动播放到底	
2	演示文稿设计	10	3	素材选择全部正确（1 分），3 组文字和图片匹配（2 分）（注：有不正确的素材得 0 分）	
			3	动画效果设置：有 2～5 种动画效果（1分），某张幻灯片的某个对象有 2 种以上效果（1 分），有对象自动播放（1 分）	
			2	有背景设置	
			2	色彩搭配合理，用主题、模板或艺术字，文字、背景自设 2～5 种颜色	
合计配分		30		合计得分	

五十五、多媒体作品编辑制作（十一）（试题代码：1.5.11）

1. 试题单

（1）操作条件

1）计算机。

2）Office 2010。

3）素材。

（2）操作内容。运用所给素材制作一个多媒体演示文稿。最后完成的作品以"国庆阅兵车变化.pptx"为文件名保存在指定目录下。

（3）操作要求

1）项目背景。从 1959 年第一代"红旗"参加国庆阅兵到 60 周年国庆"红旗 HQE"亮相，先后有四代红旗轿车作为检阅车参加了国庆阅兵式。跨越 50 年的这四代红旗检阅车，折射出中国汽车业自主创新的步伐，也勾勒出新中国成长的轨迹。请制作演示文稿，题目是"国庆阅兵车变化"，介绍不同时期国庆阅兵式上检阅车的变化与发展。

2）项目任务。运用所给素材制作一个多媒体演示文稿。最后完成的作品以"国庆阅兵车变化.pptx"为文件名保存在指定目录下。

3）设计要求

①设计至少 4 张幻灯片，介绍 3 个时期的国庆阅兵式上的检阅车，要求图文并茂。

②第一张幻灯片为主题、前言和目录。

③从第二张开始，每张幻灯片上介绍一个时期的国庆阅兵式上的检阅车。幻灯片上有艺术字格式的标题，并插入一张图片，还要配上适当、简洁的文字介绍。

4）制作要求

①通过第一张幻灯片上的文字或图片，链接到相应的幻灯片；在相应的幻灯片上设置返回按钮，返回到第一张幻灯片。

②幻灯片排版合理、色彩搭配协调，标题使用艺术字。

③各幻灯片播放时设置合适的切换方式。

④给各幻灯片的对象设置动画效果。

2. 评分表

试题代码及名称				1.5.11 多媒体作品编辑制作（十一）	
评价要素		配分（分）	分值（分）	评分细则	得分（分）
1	演示文稿基本操作	20	2	设计至少 4 张幻灯片	
			3	介绍 3 个时期的国庆阅兵式上的检阅车	
			1	第一张幻灯片为主题、前言和目录	
			2	幻灯片的主题用艺术字	
			2	第一张幻灯片的主题采用艺术字，设置动画效果	
			4	各超链接正确，返回设置正确	
			2	各幻灯片播放时设置切换方式	
			2	各幻灯片播放时，各对象有合适的动画效果	
			2	幻灯片上使用图片、文字等多媒体元素	
2	演示文稿设计	10	3	素材选择全部正确（1分），3组文字和图片匹配（2分）（注：有不正确的素材得0分）	
			3	幻灯片有 2～5 种动画效果（1分），某张幻灯片的某个对象有 2 种以上效果（1分），有对象自动播放（1分）	
			2	有背景设置	
			2	色彩搭配合理，用主题、模板或艺术字，文字、背景自设 2～5 种颜色	
合计配分		30		合计得分	

注：不在下面列表中的素材为无关素材。

序号	文字和标题的关键字	文件名
1	1984 年、"A01-3430"	1984 年 10 月 1 日使用的车牌号为 "A01-3430" 的红旗检阅车 .jpg
2	1999 年、"甲 A·02156"	1999 年 10 月 1 日使用的车牌号为 "甲 A·02156" 的红旗检阅车 .jpg
3	2009 年、"京 V·02009"	2009 年 10 月 1 日使用的车牌号为 "京 V·02009" 的红旗检阅车 .jpg
可用素材	除 "计算器-1.jpg" "三星平板电脑-1.jpg" 两个文件之外，都是可用素材	

第 3 部分

操作技能考核模拟试卷

注 意 事 项

1. 考生根据操作技能考核通知单中所列的试题做好考核准备。

2. 请考生仔细阅读试题单中具体考核内容和要求，并按要求完成操作或进行笔答或口答，若有笔答请考生在答题卷上完成。

3. 操作技能考核时要遵守考场纪律，服从考场管理人员指挥，以保证考核安全顺利进行。

注：操作技能鉴定试题评分表及答案是考评员对考生考核过程及考核结果的评分记录表，也是评分依据。

国家职业资格鉴定

计算机操作（五级）操作技能考核通知单

姓名：

准考证号：

考核日期：

试题 1

试题代码：1.1.12

试题名称：操作系统使用（十二）。

配分：10 分。

试题 2

试题代码：1.2.11。

试题名称：因特网操作（十一）。

配分：10 分。

试题 3

试题代码：1.3.10。

试题名称：文档资源整合（十）。

配分：30 分。

试题 4

试题代码：1.4.8。

试题名称：数据资源整合（八）。

配分：20 分。

试题 5

试题代码：1.5.12。

试题名称：多媒体作品编辑制作（十二）。

配分：30 分。

计算机操作（五级）操作技能鉴定

试 题 单

试题代码：1.1.12。

试题名称：操作系统使用（十二）。

1. 操作条件

（1）计算机。

（2）模拟 Windows 7 环境。

（3）素材。

2. 操作内容

在所提供的素材"暑假旅游"文件夹中，存放有若干个文件，按要求将其进行整理，将整理后的"暑假旅游"文件夹存放在指定目录下。

3. 操作要求

（1）项目背景。李小明今年暑假去了云南、厦门和海南三个地方旅游，带回来很多旅游资料，有攻略、日记、照片、视频等。请你帮李小明对"暑假旅游"文件夹进行整理，将不同的文件进行分类存放。

（2）项目任务。在所提供的素材"暑假旅游"文件夹中，存放有若干个文件，按要求将其进行整理，将整理后的"暑假旅游"文件夹存放在指定目录下。

（3）设计要求。设计三个文件夹，将同一类型的文件放在同一个文件夹中。

（4）制作要求

1）在"暑假旅游"文件夹中建立名为"云南""厦门""海南"的三个文件夹。

2）将所有关于云南的文件存放在"云南"文件夹中，关于厦门的文件存放在"厦门"文件夹中，关于海南的文件存放在"海南"文件夹中。

3）将无法归类的文件删除。

计算机操作（五级）操作技能鉴定

试题评分表

考生姓名：　　　　　　　准考证号：

试题代码及名称				1.1.12 操作系统使用（十二）	
评价要素		配分（分）	分值（分）	评分细则	得分（分）
1	整理文件夹	10	3	文件夹的建立与命名（新建文件夹正确每个 1 分，共 3 个文件夹）	
			2	关于云南的文件放入"云南"文件夹（文件夹为空或归类文件错误为 0 分，归类文件部分正确为 1 分，归类文件全对为 2 分）	
			2	关于厦门的文件及文件夹放入"厦门"文件夹（文件夹为空或归类文件错误为 0 分，归类文件部分正确为 1 分，归类文件全对为 2 分）	
			2	关于海南的文件及文件夹放入"海南"文件夹（文件夹为空或归类文件错误为 0 分，归类文件部分正确为 1 分，归类文件全对为 2 分）	
			1	无法归类的文件删除	
合计配分		10		合计得分	

考评员（签名）：

计算机操作（五级）操作技能鉴定

试 题 单

试题代码：1.2.11。

试题名称：因特网操作（十一）。

1. 操作条件

（1）计算机。

（2）模拟因特网环境。

2. 操作内容

根据要求设置浏览器、搜索信息。

3. 操作要求

（1）项目背景。张毅冰是个对身边环境质量比较感兴趣的孩子，经常访问一些相关网站，最近他对上海的空气质量指数十分关心，需要经常访问上海空气质量指数查询网站，因此想对浏览器进行个性化设定。

（2）项目任务。根据要求保存网页上的有关"最近十天空气质量指数（AQI）"统计图，并设置浏览器默认主页和整理 IE 收藏夹。

（3）制作要求

1）打开 IE，通过百度搜索引擎（网址为 https：//www. baidu. com）搜索"上海市环境监测"，打开搜索到的上海市环境监测中心的网站首页，将网页上的"最近十天空气质量指数（AQI）"统计图以图片文件的格式保存到指定目录下，命名为"上海 AQI. bmp"。

2）整理 IE 收藏夹，在 IE 收藏夹中新建"环境监测"文件夹，将搜索到的上海市环境监测中心的网站首页添加到"环境监测"文件夹中。

3）启动电子邮件收发软件（Windows Live Mail），接收来自 zhangxiao@126.com 的电子邮件，并将其中的唯一附件以原文件名保存在指定目录下。

计算机操作（五级）操作技能鉴定

试题评分表

考生姓名：　　　　　　　　准考证号：

1.2.11			因特网操作（十一）		
评价要素		配分（分）	分值（分）	评分细则	得分（分）
1	因特网操作	10	2	打开百度网页，输入搜索内容	
			1	打开正确的搜索网页	
			2	将网页上的统计图保存到文件中	
			2	新建收藏夹，将网址添加到收藏夹	
			1	电子邮件接收正确	
			2	文件保存正确	
合计配分		10		合计得分	

考评员（签名）：

计算机操作（五级）操作技能鉴定

试　题　单

试题代码：1.3.10。

试题名称：文档资源整合（十）。

1. 操作条件

（1）计算机。

（2）素材。

2. 操作内容

（1）打开"文字录入.docx"文件，按照样张的内容在 Word 中输入文字，完成后，将文件以原文件名保存在原目录下。

（2）请运用所给素材完成对文档的编辑，最后完成的作品以"报名名单.docx"为文件名保存在指定目录下。

3. 操作要求

（1）根据要求录入文字。根据要求录入以下文字：

伊韦尔东莱班（Yverdon-les-Bains）位于纳沙泰尔湖畔，在法语圈中是历史悠久的温泉所在地，处在罗马军队北上路线上，镇子里有大量罗马和凯尔特遗迹。

以室内外的温泉浴池、理疗中心等完善的设施而著称的温泉疗养中心和高雅的四星级酒店——温泉大酒店（Grand Hotel des Bains）直接连在一起，可以疗养度假，也可以单独只去泡温泉。

很少有人知道冬季运动的圣地——圣莫里茨有矿泉水。虽然水有点凉，但是早在 3 000 年以前，其效用就已广为人知，其含铁量占欧洲第一位。圣莫里茨在个人浴室、露天温泉、克耐普疗法等方面也是很出色的疗养地。

（2）根据要求制作 Word 文档

1）项目背景。上海市第五届"星光计划"中等职业学校职业技能大赛的报名工作正在紧锣密鼓地进行中，各个学校的参赛学生信息也在不断完善中。日前，某学校计算机操作的报名已经完成，并且需要将报名数据放到电子表格中。

2）项目任务。打开"第五届星光计划大赛初赛名单.doc"，对文件进行适当的处理，完成对文档的编辑与保存。最后完成的作品以"报名名单.docx"为文件名保存在指定目录下。

3）设计要求

①标题改为艺术字，设置文字颜色和阴影颜色。

②整体要求排版合理，字体大小适中，色彩搭配合理。

③给表头设置合适的填充色。

④表格文字要求字体、字号保持一致。

4）制作要求

①将标题部分与备注部分的内容转化为文本形式。

②"项目名称"与"集训地点"部分的字体为宋体、字号为五号、加粗、左对齐。"备注"字体为黑体、字号为五号、加粗、左对齐；备注中的内容字体为宋体、字号为五号、左对齐。其他字体为宋体、字号为11磅。

③表头内容垂直与水平均居中对齐。表格中的内容居中对齐。

④对表格按班级进行重新排序。

⑤表格边框外粗内细，表头添加底纹。

计算机操作（五级）操作技能鉴定

试题评分表

考生姓名：　　　　　　　准考证号：

试题代码及名称			1.3.10 文档资源整合（十）		
评价要素		配分（分）	分值（分）	评分细则	得分（分）
1	文字录入	10	9.5	文字输入正确（按文档字数平均给分）	
			0.5	格式正确（首行缩进两个字符）	
2	版面设计	20	3	标题部分与备注部分的内容转化为文本形式	
			4	标题为艺术字（1分），艺术字内容正确（1分），有文字颜色（1分），有阴影颜色（1分）	
			4	"项目名称"与"集训地点"部分的字体为宋体、字号为五号、加粗、左对齐；"备注"字体为黑体、字号为五号、加粗、左对齐；备注中的内容字体为宋体、字号为五号、左对齐；其他字体为宋体、字号为11磅（各1分）	
			2	表头内容垂直与水平均居中对齐（1分），表格中的内容居中对齐（1分）	
			3	按班级排序正确	
			2	表格边框外粗内细	
			2	表头有底纹	
合计配分		30		合计得分	

考评员（签名）：

计算机操作（五级）操作技能鉴定

试　题　单

试题代码：1.4.8。

试题名称：数据资源整合（八）。

1. 操作条件

（1）计算机。

（2）Office 2010。

（3）素材。

2. 操作内容

请运用所给素材完成相关数据的统计与分析，在 Excel 中以表格的形式对学生零用钱的花费情况进行统计分析。最后完成的统计表以"零用钱.xlsx"为文件名保存在指定目录下。

3. 操作要求

（1）项目背景。某小学对该校学生近几个月的零用钱使用情况进行了一次抽样调查，并做了初步的统计。

（2）项目任务。有关学生零用钱的花费情况统计数据已放在"零用钱素材.xls"中。运用电子表格软件，对学生近几个月的零用钱使用情况进行统计分析，完成的作品以"零用钱.xlsx"为文件名保存在指定目录下。

（3）设计要求

1）在 Excel 中制作统计表，对统计表进行格式设置，要求清晰醒目。

2）使用公式和函数进行数据统计，计算正确。

3）对根据统计表创建的统计图进行格式设置，做到简洁、明了、美观。

（4）制作要求

1）第一行设置表格标题"学生近几个月零用钱花费情况统计"，宋体、16 磅，合并居中，并在第二行添加副标题"单位（元）"，宋体、14 磅，居右。

2）利用函数计算学生近几个月零用钱各项花费的合计值及每项费用的平均值。

3）表格内容设为宋体、12 磅，居中对齐；给表格添加边框线，外边框粗线，内边框细线；数据均保留 1 位小数。

4）制作柱形统计图，能反映 1—5 月学生学习资料花费的情况。

5）统计图设置"学习资料花费统计表"标题，设阴影、圆角。

计算机操作（五级）操作技能鉴定

试题评分表

考生姓名：　　　　　　　　　准考证号：

试题代码及名称				1.4.8　数据资源整合（八）	
评价要素		配分（分）	分值（分）	评分细则	得分（分）
1	Excel 制作	20	4	第一行设置表格标题"学生近几个月零用钱花费情况统计"（内容正确 1 分）；标题宋体、16 磅，合并居中（格式正确各 1 分）	
			2	在第二行添加副标题"单位（元）"（内容正确 1 分）；副标题宋体、14 磅，居右（格式正确 1 分）	
			2	利用函数计算零用钱各项花费的合计值（公式正确 1 分，计算正确 1 分）	
			2	利用函数计算每项费用的平均值（公式正确 1 分，计算正确 1 分）	
			3	表格设置：外边框正确（1 分），内边框正确（1 分），数值均保留 1 位小数（1 分）	
			2	表格内容设为宋体、12 磅（1 分），居中对齐（1 分）	
			2	制作适当的统计图，能反映 1—5 月学生学习资料花费的情况，图表数据正确（1 分），为柱形图（1 分）	
			3	图表格式正确：添加标题（1 分），有阴影、圆角（各 1 分）	
合计配分		20		合计得分	

考评员（签名）：

<h1 style="text-align:center">计算机操作（五级）操作技能鉴定</h1>

<h2 style="text-align:center">试 题 单</h2>

试题代码：1.5.12。

试题名称：多媒体作品编辑制作（十二）。

1. 操作条件

（1）计算机。

（2）Office 2010。

（3）素材。

2. 操作内容

运用所给素材制作一个多媒体演示文稿。最后完成的作品以"元宵习俗.pptx"为文件名保存在指定目录下。

3. 操作要求

（1）项目背景。每年农历的正月十五日是中国的传统佳节——元宵节。如何庆贺这个节日，在千百年的历史发展中形成了一些较为固定的风俗习惯，有许多还相传至今。请制作演示文稿，为大家介绍一下元宵节的重要民间习俗，演示文稿题目为"元宵习俗"。

（2）项目任务。运用指定目录中的素材制作一个多媒体演示文稿。最后完成的作品以"元宵习俗.pptx"为文件名保存在指定目录下。

（3）设计要求

1）设计至少5张幻灯片，要求图文并茂。

2）第一张幻灯片为主题、前言和目录。

3）从第二张开始，每张幻灯片上介绍一个习俗。

（4）制作要求

1）通过第一张幻灯片上的文字或图片，链接到相应的幻灯片；在相应的幻灯片上设置返回按钮，返回到第一张幻灯片。

2）幻灯片排版合理、色彩搭配协调，标题使用艺术字。

3）各幻灯片播放时设置合适的切换方式。

4）为各幻灯片的对象设置动画效果。

计算机操作（五级）操作技能鉴定

试题评分表

考生姓名：　　　　　　　准考证号：

试题代码及名称			1.5.12 多媒体作品编辑制作（十二）		
评价要素		配分（分）	分值（分）	评分细则	得分（分）
1	演示文稿基本操作	20	2	设计至少5张幻灯片	
			3	介绍至少4个习俗	
			1	第一张幻灯片为主题、前言和目录	
			2	幻灯片的主题用艺术字	
			2	第一张幻灯片的主题设置动画效果	
			4	各超链接正确	
			2	各幻灯片播放时设置切换方式	
			2	各幻灯片播放时，各对象有合适的动画效果	
			2	幻灯片上使用图片、文字等多媒体元素	
2	演示文稿设计	10	3	素材选择全部正确（1分），至少4组文字和图片匹配（2分）（注：有不正确的素材得0分）	
			3	幻灯片有2～5种动画效果（1分），某张幻灯片的某个对象有2种以上效果（1分），有对象自动播放（1分）	
			2	有背景设置	
			2	色彩搭配合理，用主题、模板或艺术字，文字、背景自设2～5种颜色	
合计配分		30		合计得分	

注：不在下面列表中的素材为无关素材。

序号	文字和标题的关键字	文件名
1	猜灯谜	猜灯谜.jpg
2	踩高跷	踩高跷.jpg
3	元宵	吃元宵.jpg
4	耍龙灯	耍龙灯.jpg
5	舞狮子	舞狮子.jpg
6	张灯	张灯观灯.jpg

考评员（签名）：